세계 명작 속에 숨어 있는 과학

세계명작 속에 숨어 있는 과학

펴낸날	초판 1쇄 2006년 2월 25일
	초판 18쇄 2021년 8월 10일

지은이	최원석
그린이	권기수
펴낸이	심만수
펴낸곳	(주)살림출판사
출판등록	1989년 11월 1일 제9-210호

주소	경기도 파주시 광인사길 30	
전화	031-955-1350	팩스 031-624-1356
홈페이지	http://www.sallimbooks.com	
이메일	book@sallimbooks.com	

ISBN 978-89-522-0479-0 04400
ISBN 978-89-522-0478-3 (세트)
살림Friends는 (주)살림출판사의 청소년 브랜드입니다.

세계 명작 속에 숨어 있는 과학

글 **최원석**
그림 **권기수**

살림

이야기 속에 숨어 있는 1인치의 과학을 찾아라!

하나, 누구에게나 어린 시절 야외 소풍에서 숨겨진 보물을 찾으려고 열심히 돌 밑이며 나무를 뒤지던 기억이 있을 겁니다. 둘, 대합실에서 기차를 기다리던 많은 사람들의 킬링 타임(시간 죽이기)용으로 가장 많이 애용된 것 중 하나는 숨은 그림 찾기였습니다. 셋, 조각 맞추기는 그림을 완성했을 때 감동을 느껴 보지 않은 사람은 이해할 수 없는 쾌감을 선사합니다.

이 세 가지 에피소드에서 찾을 수 있는 공통점은 '숨어 있는 것에 대한 무한한 호기심'이 유발하는 흥미와 재미입니다. 숨어 있는 어떤 것에 대한 호기심은 최근 '진실 찾기'라는 하나의 거대한 트렌드를 형성하기도 했는데요, 이러한 유행은 '원작 백설공주' '헨젤과 그레텔의 진실'과 같이 동화 속 진실 찾기 붐에 일조를 했습니다.

그런데 우리는 왜 이렇게 '숨어 있는 것 찾기'를 좋아하는 것일까요? 이는 우리 인간의 뇌가 본능적으로 숨어 있는 것에서 무엇을 찾는 구조로 되어 있기 때문입니다. 이러한 인간의 뇌는 다른 동물보다 많은 호기심을 가지게 했고 어떤 패턴을 찾아내는 데 탁월한 능력을 발휘했습니다. 이러한 능력을 가진 인간은 과학이라는 무기를 가지고 많은 도구를 만들어냈으며 문명사회를 건설하고 드디어 만물의 영장이라는 지위까지 획득했습니다.

인간 최고의 발명품이자 최고의 바보상자라고 불리는 텔레비전의 어떤 광고에서는 브라운관의 1인치를 더 보여주느냐, 덜 보여주느냐에 따라 시청자들이 느끼는 감동은 배가 될 수도 있고 반으로 줄 수도 있다고 주장합니다. 실제 1인치가 확장된 화면은 기존의 화면이 전하지 못하는 '진실'을 보여주기도 하죠.

'인간의 호기심'과 '숨어 있는 1인치'.

이 책이 이야기하고자 하는 키워드는 바로 이것입니다. 호기심 어린 눈으로 어떤 것을 대할 때 우리는 숨어 있는 1인치의 '무엇'을 더 발견할 수 있습니다. 그것은 '감동'일 수도 있고 '진실'일 수도 있고 대단한 가치가 있는 '정보'일 수도 있을 것입니다. 이 책은 감동과 진실 그리고 정보를 제공하는 '1인치의 무엇'이 '과학'이라고 이야기합니다.

우리는 영화를 보거나 게임을 할 때 그 속에 담겨 있는 과학적인 사실을 몰라도 이야기 흐름을 좇아가는데 별 어려움을 느끼지 못합니다. 심지어 SF 영화나 게임이라고 하더라도 스토리 라인이 그리 복잡하지 않기 때문에 관객이 충분한 과학적 소양을 가지고 있지 않더라도 나쁜 놈이 누구인지 주인공이 누구인지 누가 승리하는지는 쉽게 알아낼 수 있습니다.

하지만 영화나 게임 속에 담겨 있는 과학을 제대로 읽어낼 줄 안다면 그것은 단지 1인치의 넓어진 화면과는 비교가 되지 않을 아이맥스 화면에 비견하는 흥미와 놀라운 재미를 맛볼 수 있습니다. 이러한 주장은 이 책에서 이야기하고자 하는 세계명작들에서도 마찬가지입니다.

사실 세계명작의 이야기들은 과학적 사실을 바탕으로 한 것이 거의 없습니다. 이는 어떻게 생각하면 당연한 것입니다. 만약 이러한 이야기들이 과학적 사실을 바탕으로 했다면 아마 SF로 분류가 되었을 테니까요. 하지만 우리 주변의 어떤 현상도 과학적인 범주를 벗어나는 것은 없으며, SF가 아닌 픽션에서도 마찬가지입니다. 작가들은 이야기를 쓸 때 자신의 경험을 바탕으로 이야기를 전개합니다. 이러한 픽션의 탄생 배경을 따져 가는 과정을 통해 우리는 그 이야기를 설명할 수 있는 합리적인 이유를 찾아갈 수 있게 됩니다.

얼마전엔가 제가 "재미있는 이야기 속에서 과학을 찾아 과학 공부를 해나갈 수 있다."고 얘기했더니 어떤 분이 "이야기 속에서 과학을 찾다가 이야기까지 재미없어지는 것이 아닌 가요?"라며 걱정을 하더군요. 참 씁쓸하지만 정곡을 찌르는 지적이었습니다. 이런 지적이 나올 만큼 우리는 과학을 어려워하고 재미없게 생각합니다.

이 책을 읽는 독자들도 세계명작의 이야기들이 자라는 청소년들에게 꿈을 심어주고 교훈을 전해주면 됐지 이를 굳이 과학적으로 해석할 필요가 있을까 하고 의문을 가질 수도 있을 것입니다.

이유를 설명하자면 세계명작의 이야기들을 과학적으로 따져보는 것은 이야기를 망치는 것이 아니라 이야기를 더욱 재미있게 즐길 수 있는 하나

의 방법이며, 덤으로 딱딱하게 느껴질 수 있는 과학을 친근하게 느낄 수 있
는 중요한 과정이기 때문입니다.

　이 책이 어린 시절 엄마가 읽어줬던 세계명작의 이야기처럼 쉽게 독자
들에게 다가가기를 바라는 것은 그저 글쓴이로서의 욕심일지도 모르겠습니
다. 하지만 과학이 딱딱하거나 어렵기만 한 것이 아니라 세계명작의 이야
기 속에도 숨어 있는 친근한 것이라는 걸 느껴볼 수만 있다면 이 책의 소임
은 다한 것이라고 생각합니다.

　자~ 그럼 세계명작 속에 어떤 과학들이 숨어 있는지, 이야기 속 과학
의 매력에 한번 빠져 보시겠습니까?

2006년 봄을 기다리며
김천의 과학실에서
최원석

차례

과학의 잣대로 살펴본
아름다움의 기준

『백설공주』는 1812년 독일의 그림(Grimm) 형제가 당시 전해져오는 민담을 모아서 펴낸 동화책에 처음 등장합니다. 흔히 『그림동화』로 알려진 이 책의 원제목은 『어린이와 가정을 위한 옛날이야기(Kinderund Hausmarchen)』로 아이들을 위한 책이라기보다 민담을 엮어서 주석을 붙인 전문서적에 가까웠습니다. 따라서 그림동화의 초창기 판본에서는 잔인한 묘사가 여과 없이 표현되고, 삽화까지 없어 재미는 없었습니다. 하지만 판본을 거듭하면서 삽화를 첨가하고 그림형제의 가필이 진행돼 차츰 동화의 성격을 갖추게 되었습니다. 그렇다고 해도 원작 『그림동화』는 아이들이 읽기에는 문제가 많았습니다. 『그림동화』를 각색해 펴낸 일본의 키류 미사오의 『알고 보면 무시무시한 그림동화』의 내용이 널리 알려지면서 『백설공주』의 원작이 근친상간과 계략이 난무하는 완전한 성인소설로 오해받기도 했지요. 『그림동화』는 이들이 읽기 곤란할 만큼 잔인한 장면이나 성적인 묘사가 있기는 하지만 키류 미사오의 책만큼 자극적이지는 않았습니다. 다만 지금의 동화로 이야기가 정형화 된 데는 디즈니의 영향을 많은 게 사실입니다.

■ 독일의 그림형제가 출판한
『어린이와 가정을 위한 옛날이야기』.

요술거울이 선택한 가장 아름다운 사람의 조건

동화 속에는 유독 많은 공주와 소녀들이 등장합니다. 엉뚱한 상상이지만 이들을 대상으로 미인 선발 대회를 개최한다면 과연 누가 우승을 할까요? 제게 우승자를 가려내라고 한다면 우승의 영예는 백설공주에게 돌려야 한다고 주장할 것입니다. 그것은 동화 속에서 이미 '세상에서 가장 아름다운 사람'이 백설공주라는 것을 확인했기 때문인데요. 기억나지 않으세요? "이 세상에서 가장 아름다운 사람이 누구냐?"는 계모의 질문에 신비한 요술거울은 "세상에서 가장 아름다운 사람은 백설공주입니다."라고 대답했잖아요. 백설공주는 거울의 무책임한(?) 발언 때문에 질투의 화신이 된 계모의 표적이 되어 생명의 위협 속에서 살아야 했지만 죽었다고 오인받는 상황에서도 왕자를 사랑에 빠지게 할 정도니 경국지색(傾國之色)이라 할만했겠죠.

한번 질문을 던져볼까요. 요술거울은 도대체 무슨 근거로 백설공주가 가장 아름답다고 주장했을까요? 흔히 아름다움은 객관적인 판단 근거가 없는 주관적인 것이기 때문에 과학적인 탐구 대상이 될 수 없다고 합니다. 이러한 관점에서 본다면 백설공주가 세상에서 가장 아름답다고 이야기한 요술거울의 주장 역시 주관적인 판단일 가능성이 많죠. 아무도 모르게 요술거울이 '아름다운 사람 뽑기 설문조사'를 실시하지 않았다면 말입니다. 여하튼 동화 속에서 명확한 이유는 파악할 수 없지만 백설공주는 최고의 미녀로 꼽히게 됩니다. 그리고 요술거울의 말 한 마디로 백설공주는 생사를 넘나드는 고난의 길을 걷게 된 것이죠. 그게 중요하죠.

실제 세상에서도 아름다움 때문에 고난의 길을 걷는 이가 많이 있습니다. 많은 생물들이 생활이나 생존의 유리함보다는 아름다움을 선택해 어려움을 겪기도 합니다. 일례로 공작의 날개는 인간의

눈을 매료시킬 만큼 화려하지만 실상 천적에게 쉽게 발각될 수 있는 요인인데다가 도망치는 데 많은 방해가 되기도 하죠. 수컷 공작의 날개는 생존에 그다지 도움이 되지 않아도 암컷에게 사랑받는다는 사실 하나만으로 우성인자로 자리 잡았습니다.

물론 종에 따라 다르기는 하지만 동물세계에서 아름다움의 가치로 생각되는 하나의 절대적인 포인트가 있는 것과 달리 인간세계에서 아름다움의 기준은 시대에 따라 다양하게 변화해 왔습니다. 일례로 백설공주가 아름다운 것은 분명하지만 시대와 공간을 초월해서 어느 민족에게나 절대적인 미인으로 꼽힐 수 있을지는 의문스럽습니다. 동화에서 구현되는 백설공주의 외모는 눈과 같이 흰 피부와 핏빛의 붉은 입술 그리고 짙은 검은색 머리카락으로 묘사됩니다. 백설공주의 이러한 외모는 그녀의 친모인 왕비가 원했던 아기의 모습과 일치하는데요. 백설공주의 어머니는 흰 피부와 붉은 입술, 검은 머리카락이 당시 아름다움의 기준이었기에 이러한 선택을 했을 테지요. 우린 여기서 요즘 논란이 되고 있는 맞춤형 아기의 원조가 바로 백설공주라는 사실을 접하게 됩니다.

시대에 따라 변하는 아름다움의 기준

디즈니에 의해 그려진 백설공주의 백옥같이 하얀 피부는 분명 매력적이죠. 하지만 역사를 거슬러 보면 백옥같이 흰 피부가 항상 모든 사람들에게 선호되었던 것은 아닙니다. 우선 흰 피부를 선호하게 된 원인부터 살펴볼까요? 고대로부터 산업혁명 이전까지 귀족들은 그늘에서 노예나 농부들이 일하는 것을 지켜보기만 했습니다. 강렬한 햇빛 아래에서 일하는 노예를 포함한 백성들의 피부는 당연히 검게 그을린 구릿빛이 될 수밖에 없었고, 항상 그늘에 머물렀던 귀족들의 피부는 창백한 흰색을 띨 수밖에 없었겠죠. 이때부터 하얀 피부는 귀족과 같은 신분의 상징이 되었고 아름다움의 기준이 되었습니다.

사람들은 하얀 피부를 갖기 위해 외출할 때는 양산이나 창이 큰 모자를 필수품으로 챙겨들었고, 귀부인들 중에는 납 성분이 들어간 미백 화장품을 사용하였습니다. 16세기에 납은 부드럽게 잘 묻어나고 특유의 빛깔이 곱게 인식되어 화장품으로 사용되었다고 합니다. 물론 개중에는 과다 사용으로 납중독 증세를 보이는 사람도 많았습니다. 화장하는 것을 즐겼던 영국의 엘리자베스 여왕 또한 말년에는 납에 의한 화장독으로 얼굴이 흉하게 되었다고 합니다. 흉한 얼굴에 충격을 받고 유리로 된 거울을 사용하지 못하게 했다는 이야기도 전해집니다.

하지만 산업혁명이 발생하여 노동 환경이 실외에서 실내로 바뀌면서 하얀 피부에 대한 선호도 달라지기 시작합니다. 당시 노동자들은 하루의 대부분을 컴컴한 공장에서 일을 했습니다. 당연히 햇빛을 보는 시간이 줄

어들어 피부가 창백해지기 시작했겠죠. 이와 반대로 시간의 여유가 있는 부자들은 들판에서 여러 가지 여가 생활을 즐기면서 피부를 구릿빛으로 태우는 경우가 많아졌습니다. 해변에서 피부를 태우는 것이 하나의 유행이 되기도 했죠. 이에 선호하는 피부색도 기존의 백옥 같은 피부에서 건강미 넘치는 구릿빛 피부로 변화했습니다.

이렇듯 과거 동화 속에서 묘사됐던 아름다움의 기준을 살펴봄으로써 아름다움의 기준과 사람들의 성향이 어떻게 변화해 가는가를 확인하는 것은 재밌는 일이 아닐 수 없습니다. 물론 요즘에는 삶의 질이 향상되면서 단순히 피부색을 가지고 신분을 판단할 수 없게 되었고 개성도 뚜렷해져 개인마다 선호하는 피부색도 차이를 보입니다.

원숭이도 엉덩이가 붉을 뿐 입술은 붉지 않다

대부분의 책에서 백설공주는 핏빛의 붉은 입술을 가지고 있었던 것으로 묘사됩니다. 사실 도톰하고 붉은 입술은 백설공주뿐만 아니라 우리들이 생각하는 입술의 전형적인 모습입니다. 우리, 꼭 짚어 인간이 생각하는 입술의 모양은 빨갛고 도톰한 것이 당연시 되죠. 하지만 영장류 가운데 이

■ 언어가 발달하지 않은 원숭이에 비해 인간의 입술은 얇고 도톰합니다.

세계명작 속에 숨어있는 과학

렇게 붉고 도톰한 입술을 가진 것은 인간뿐입니다. 원숭이도 엉덩이가 빨갈 뿐 입술은 빨갛지 않죠. 그럼 왜 인간만 유독 붉은 입술을 가지고 있을까요? 자세히 살펴보면 사람의 입술은 입술의 안쪽 면이 바깥으로 뒤집어져 있는 독특한 구조로 되어 있습니다. 입술의 피부조직은 몸의 피부와 달리 굉장히 얇아서 혈액의 색깔이 비치도록 되어 있습니다. 피의 붉은 기가 그대로 전달되는 것입니다.

인간만이 이러한 붉은 입술을 가지게 된 이유에 대해서는 '언어의 사용'과 깊은 관련이 있다는 게 설득력 있는 이론입니다. 사람은 언어를 사용하면서부터 입의 발달이 가속화 됩니다. 그 증거로 사람 몸에서 주름이 가장 많은 부분이 입술입니다. 주름이 많다 보니 많이 움직이고 여러 모양을 만들 수 있게 됩니다. 말을 자유자재로 구사할 수 있도록 입의 피부조직이 약해졌다는 이론입니다. 이론이야 어찌됐든 동서고금을 막론하고 입술은 대체로 선홍색을 으뜸으로 생각합니다. 선홍색의 입술이 성적 흥분을 자극하기 때문이라고 하는데요. 입술을 더욱 돋보이게 하기 위한 입술 화장은 기원전부터 시작되었고, 한때 영국에서는 붉은색 입술에 매혹되어 잘못된 결혼을 할 수 있다는 주장이 제기돼 입술 화장을 법으로 금지하기도 했습니다. 마침 백설공주는 화장을 하지 않아도 좋을 만큼 붉은 입술을 가지고 있었으니 비록 죽은 것으로 생각되는 시점에서도 왕자의 키스를 받았습니다.

그렇다면 마지막으로 검은 머리는 어떤 의미일까요? 서양에서 흰 눈과 같은 피부와 핏빛의 입술이 미인의 기준이었던 것에 반해 검은색의 머리카락은 그다지 선호의 대상이 아니었습니다. 오히려 서양에서는 〈신사

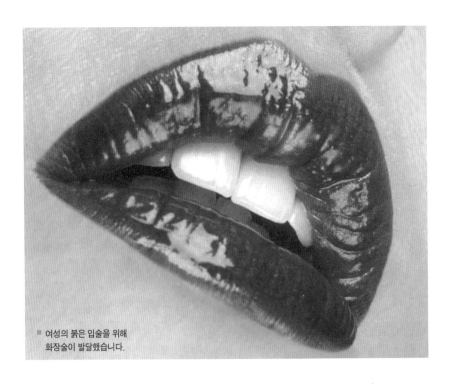

■ 여성의 붉은 입술을 위해
화장술이 발달했습니다.

는 금발을 좋아해〉라든가 〈금발이 너무해〉 같은 영화에서 보이듯이 흑발
보다는 금발을 아름답다고 생각했습니다. 이는 금발이 다른 색의 머리카
락에 비해 더 젊게 보이는 효과를 주었기 때문인데요. 실제로 금발은 검은
머리나 빨간 머리보다 훨씬 부드럽기까지 하다고 합니다. 이러하다 보니
흐트러진 금발은 섹시함의 대명사가 되었고, 로마시대에는 몸을 파는 이
들에게 법으로 금색 가발을 쓰도록 했다고까지 합니다. 금발이 순수한 이
미지는 시간이 흐르면서 개방적인 성문화의 상징으로 바뀌어 갔죠. 아마
도 백설공주의 어머니는 딸이 흰 눈과 같이 순수한 여성으로 자라길 바라
며 섹시미를 자랑하는 금발보다는 청순미를 보여주는 검은 머리를 소원하
지 않았나 싶습니다.

개데학 숨어있는 과학

'아름다운 것은 착하다'는 고정관념

사람들은 흔히 아름다움은 외모에 있지 않고 마음에 있다고 말합니다. 역사적 사건이나 수많은 이야기들은 이러한 이야기를 교훈으로 삼고 얼굴이 아니라 마음을 수양하는 것이 더 중요하다고 역설합니다. 요즘 신문과 방송에서는 아름다움에 집착하는 아이들의 문제를 꼬집는데 많은 시간을 할애하기도 합니다. 하지만 아무리 이러한 교육이 행해진다고 해도 많은 사람들이 외모에 지대한 관심을 가지고 있고, 이를 위해 목숨을 거는 이들도 있는 것이 현실입니다.

그렇다면 이러한 외모지상주의는 어디서 왔을까 한번 생각해 볼까요? 곰곰이 생각해 보면 동화 속에서 멋진 왕자를 차지하는 아름다운 여인들이 그 시초가 아니었나 싶습니다. 동화의 교훈은 아름다운 신체를 가진 여인이 멋진 왕자를 차지할 수 있다는 것은 아닐까요? 그러한 동화를 보고 자란 아이들이 멋진 배우자를 만나기 위해 아름다운 외모를 추구하는 걸 과연 나쁘다고 할 수 있을까요? 요즘에는 "착한 것이 아름다운 것이 아니라 아름다운 것이 착하다."라는 말까지 생겨났습니다. 우스갯소리로 넘겨 버리기에는 현실을 꿰뚫는 날카로움이 담겨 있는 말입니다. 『백설공주』를 비롯한 많은 동화에서 주인공의 아름다운 외모는 잘 묘사되어 있습니다. 외모 묘사에 주력하다보니 성품에 대한 설명은 부족한 경우도 많죠. 하지만 사람들은 "아름다운 공주는 착하다."는 일반화된 고정관념을 가지고 백설공주, 신데렐라, 잠자는 숲 속의 공주와 같은 주인공들이 모두 착하고 아름다운 여인이라고 생각합니다. 동화 속에서 악당으로 등장하는 마녀의

경우 매부리코를 가진 늙은 노파로 그려지는 것과 아주 대조적이라고 할
수 있습니다. "착한 사람은 아름답다."는 이야기는 "나쁜 사람은 추하다."
와 일맥상통하는 듯 보입니다. 이러한 고정관념에서 생각해 보면 『백설공
주』에 등장하는 왕비는 결코 아름다운 사람일 수는 없겠죠.

2004년에 벌어진 소위 '얼짱 강도' 사건을 기억할지 모르겠습니다. 강
도 사건의 용의자 수배전단이 배포됐는데 수배전단 사진 속 용의자가 곱
고 아름다운 여대생의 모습을 하고 있어 '얼짱 강도'라는 타이틀까지 얻

🍎 아름다운 것은 착한 것이다?

은 사건이었습니다. 사진이 인터넷에 공개되면서 일부 네티즌들이 팬클럽 카페를 개설하고 그녀를 옹호해 "아름다운 이는 죄를 지어도 용서되는 가?"라는 사회적 이슈를 낳기도 했습니다. 분명 강도 용의자였음에도 불구하고, 많은 네티즌들이 그녀의 행위를 옹호하는 태도를 보였기 때문입니다. 우리는 이와 같은 사건을 통해 아름다운 이는 많은 사람들로부터 호감이나 호의를 얻는 게 용이하는 것을 확인할 수 있습니다.

법원에서는 아름다운 죄인에게 더 관대한 처벌을 내리는 경향이 있다고 합니다. 또한 아름다운 학생일수록 학교에서도 평가를 더 잘 받는 경향이 있다고도 하죠. 세상에 태어난 지 몇 개월 되지 않은 아기들조차도 매력적인 얼굴을 선호하는 반응을 보인다고 하니 '아름다움에 대한 호감도'는 남녀노소 동서고금을 막론하고 공통된 듯이 보입니다.

이 이론은 동물의 세계에서도 마찬가지로 적용됩니다. 아름다운 개체가 배우자로부터 선택될 확률이 높습니다. 앞서 말한 공작의 경우 아름다운 깃털을 가진 공작이 그렇지 못한 공작보다 훨씬 더 많은 새끼를 낳을 확률이 높다고 합니다. 아름다운 깃털의 수컷 공작이 그렇지 않은 수컷 공작에 비해 암컷 공작에게 선택될 가능성이 높기 때문입니다. 아름다운 공작은 깃털 때문에 천적으로부터의 생존 확률은 낮을지언정 암컷 공작에게 선택돼 자신의 유전자를 남길 확률은 높아지는 것입니다.

수컷 공작의 화려한 깃털은 암컷 공작에게 선택돼 자신의
유전자를 남길 확률을 높이는 우성인자로 자리 잡았습니다.

아름답고자 하는 것은 죄가 아니다

　　2005년 세계적인 화장품 회사인 도브가 올해의 광고 모델로 96세의 할머니를 선정해 화제가 되었습니다. 항간에는 노인까지 상품화시켰다는 비난이 일기도 했지만 도브는 96세 할머니를 등장시켜 '자연 미인이 진짜 미인' 이라는 광고전략을 어필하는 데 성공했습니다. 자연 미인을 내세워 인공 미인에 대한 불쾌감을 불식시켰기 때문이죠.

　　하지만 이와는 달리 우리나라에서는 2005년 '선풍기 아주머니'로 불리는 성형중독의 한 아주머니가 화제를 불러 모으기도 했습니다. 놀라운 것은 인공 미인을 거부하고 성형수술을 비난했던 이들이 유독 선풍기 아주머니한테는 비난보다는 측은한 마음을 가졌다는 것입니다. 성형수술에 성공하지 못한 아름답지 않은 외모 때문이기도 했겠지만 선풍기 아주머니의 마음을 이해하는 데서 측은지심을 발휘하지 않았나 싶습니다. 외모지상주의 사회에서 아름다운 외모를 가지고자 했던 아주머니의 과도한 집착을 안쓰럽게 생각했던 것이지요.

　　생각해 볼 것은 아름답고자 하는 것이 인간의 이기심인가 기본적인 욕망인가 하는 것입니다. 공작의 이야기로 다시 돌아가 보죠. 암컷 공작은 왜 화려한 깃털을 가진 수컷 공작을 원할까요? 결론

■2005년 화장품 회사인 도브는 96세 할머니를 모델로 내세워 '자연 미인이 진짜 미인' 이라는 광고에 성공했습니다.

부터 이야기하자면 아름다움이 유전적으로 '건강하다'는 것을 나타내기 때문입니다. 자연세계에서 아름다움과 건강미는 어느 정도 통하는 바가 있다는 것이죠. 따라서 아름다움을 추구하는 것은 모든 생물에게서 볼 수 있는 자연적인 현상이며, 그것이 인간세계에서와 같이 어떤 도덕적인 비난의 대상이 될 수는 없습니다. 인간의 욕망이 비난의 대상이 된다는 것은 과학적 측면에서는 옳지 않습니다. 가장 아름다운 여인이 되기 위한 왕비의 욕심을 비난하기 전에 아름다움에 대한 갈망이 유전자 속에 깊이 각인되어 있다는 것을 상기할 필요가 있을 것입니다.

세계명작 속에 숨어 있는 과학

판타지 속에 담긴 진실,
요술거울과 난쟁이 이야기

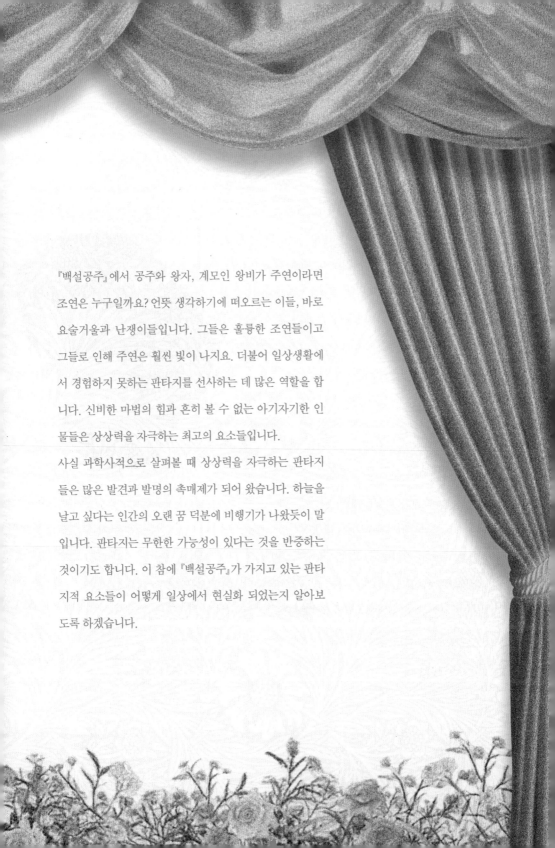

『백설공주』에서 공주와 왕자, 계모인 왕비가 주연이라면 조연은 누구일까요? 언뜻 생각하기에 떠오르는 이들, 바로 요술거울과 난쟁이들입니다. 그들은 훌륭한 조연들이고 그들로 인해 주연은 훨씬 빛이 나지요. 더불어 일상생활에서 경험하지 못하는 판타지를 선사하는 데 많은 역할을 합니다. 신비한 마법의 힘과 흔히 볼 수 없는 아기자기한 인물들은 상상력을 자극하는 최고의 요소들입니다.

사실 과학사적으로 살펴볼 때 상상력을 자극하는 판타지들은 많은 발견과 발명의 촉매제가 되어 왔습니다. 하늘을 날고 싶다는 인간의 오랜 꿈 덕분에 비행기가 나왔듯이 말입니다. 판타지는 무한한 가능성이 있다는 것을 반증하는 것이기도 합니다. 이 참에 『백설공주』가 가지고 있는 판타지적 요소들이 어떻게 일상에서 현실화 되었는지 알아보도록 하겠습니다.

인간이 거울을 사용하기 시작한 정확한 기록은 남아 있지 않습니다.
다만 B.C. 6,000년경의 것으로 추정되는 흑요석(黑曜石) 조각이
거울의 기원으로 추측되고 있습니다. 이 흑요석 조각은
청동기시대 초에 오리엔트지역에서 제작되기 시
작했다고 추정되는데, 고대의 거울 대부분은
흑요석 · 금 · 은 · 수정 · 구리 · 청동 등의
원판(原板)을 닦아서 반사면을 이용한 형
태로 만들어졌습니다.

■ 거울의 기원으로 추측되는 흑요석.

고대 거울의 주된 용도는 지금과 마찬가지
로 화장용이었을 것으로 추측되고 있습니다.
물론 역사서를 뒤져보면 화장용 이외의 다양한
거울의 용도를 확인할 수 있기도 하죠. 그리스
신화의 영웅 페르세우스는 방패를 깨끗하게 닦아 빛을 반사시켜 메두사의
머리를 자를 때 사용했습니다. 동양의 명저 『장자(莊子)』에서는 '명경지
수(明鏡止水)'라는 말로 '밝은 거울과 정지된 물'이라는 이야기를 하고 있
는데요. '고요하고 깨끗한 마음'을 가리킬 때 사용하는 말입니다. 또한 거
울은 인간과 뱀파이어를 구분하는 훌륭한 도구로 사용되기도 합니다. 〈반
헬싱〉이라는 뱀파이어가 등장하는 영화를 보면 뱀파이어는 거울에 모습
이 비치지 않는 장면을 볼 수 있는데요. 이러한 할리우드 영화 덕분인지
뱀파이어의 모습이 거울에 비치지 않는다는 것은 이제 상식(?)으로 통하

기도 합니다. 하지만 이것은 독일 지방에 전해 내려오는 뱀파이어 전설이 할리우드의 드라마적 요소에 의해 각색된 이야기일 뿐입니다.

고대의 점술가들은 초창기 금속제 거울이 그다지 성능이 좋지 않은 점을 이용해 점을 치는 도구로 사용하기도 했습니다. 금속제 거울에 비치는 흐릿한 상에 점술가의 임의적 해석을 붙여 앞날을 점쳐주는 방법이었는데요. 이러한 것이 바로 요술거울의 기원이 되었음은 두말할 필요도 없을 것입니다. 이렇게 거울을 이용해 점을 치는 것은 선명한 평면 유리거울이 만들어질 때까지 계속되었습니다.

평면 유리거울은 안경보다 늦은 1460년경에 베네치아에서 만들어졌습니다. 이미 13세기에 안경이 유럽과 중국에서 널리 활용되었다는 것을 생각하면 평면 유리거울의 제작이 얼마나 오래 걸렸는가를 알 수 있습니다. 이는 곡면의 유리보다 평면 유리를 만드는 것이 더 어려웠기 때문인데요. 초창기 유리거울을 만들기 힘들었던 것은 평면의 유리를 만드는 것뿐만 아니라 유리 뒤쪽의 주석이나 납을 붙이는 것이 어려웠기 때문입니다. 당시 유리 제품들은 대부분 입으로 불어서 만들었기 때문에 완전한 평면 유리를 얻기 힘들었고, 크기에도 많은 제약이 따랐습니다. 힘들게 평면유리를 만들었다 해도, 뒤쪽의 반사 층을 만들어 붙이기 위해 뜨거운 납을 붓는 과거에서 유리가 금이 가는 수도 허다했습니다. 베네치아에서는 이 유리거울 제조 비법을 통해 거의 150년 동안 막대한 이익을 얻기도 했습니다.

이렇듯 거울은 만들기 힘들었기 때문에 일종의 사치품으로 분류되기도 했습니다. 프랑스의 베르사유궁전은 유리거울 제조기술의 부흥을 위해

베르사유궁전의 중앙에 있는 거울의 방은 거울
인테리어의 최고봉으로 꼽히고 있습니다.

제작된 '거울의 방'으로 또 한번의 유명세를 치렀습니다. 거울의 방은 베르사유궁전의 중앙에 있는 본관(本館) 2층 정면에 길이 73m, 너비 10.4m, 높이 13m로 만들어져 정원을 향하고 있습니다. 17개의 창문이 있는데, 반대편 벽에는 17개의 거울이 배열되어 거울 인테리어의 최고봉으로 꼽히고 있습니다.

흔히 우리는 거울의 빛이 유리에서 반사된다고 생각하지만 우리가 보는 거울 속 형상은 유리 뒤쪽의 은도금에서 반사된 빛을 모은 것입니다. 유리는 단지 은도금(또는 알루미늄 도금)이 벗겨지는 것을 막아줄 뿐입니다. 유리가 매끄러워 유리 표면에서도 일부 빛이 반사되기 때문에 거울을 통해 보는 상은 이중상이 됩니다. 이중상을 확인해 보고 싶다면 거울 가까이 가서 앞니를 드러내고 앞니 끝을 쳐다보세요. 유리에서 반사된 상을 볼 수 있답니다.

거울 앞에서 왼손과 오른손을 번갈아 들어보면 거울의 상이 좌우가 바뀌었다는 것을 금방 알게 됩니다. 어릴 때부터 좌우가 바뀐 모습을 보아온 우리는, 좌우가 바뀐 모습에 익숙해져 이상하다고 생각하지 못할 정도입니다. 이러한 고정관념에 찬 물을 끼얹는 이가 있었으니 일본의 미에 현에 사는 기타무라 겐지라는 발명가입니다. 겐지는 거울 2개를 직각으로 마주 댄 뒤 그 앞에 투명유리를 끼우고 통에 물을 채운 삼각기둥 모양의 거울을 만들었습니다. 이렇게 하면 오른쪽 모습은 왼쪽에 왼쪽 모습은 오른쪽에 비치기 때문에 결국 좌우가 바뀌지 않은 상을 보게 되는 것입니다. 쉽게 이야기 하면 거울에 비친 모습을 한번 더 거울에 반사시켜 준 것입니다. '정영경(正映鏡)'이라는 이름의 이 거울은 좌우가 바뀌지 않는 거울이

정영경의 구조

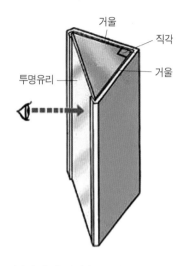

거울

직각

투명유리

거울

■ 직각 거울을 이용한 정영경은 좌우가 바뀌지 않습니다.

되었고 이로써 겐지는 2002년 좌우가 바뀌지 않는 특이함으로 정영경의
실용신안특허를 얻기도 했습니다. 좌우가 바뀌는 거울에 익숙한 사람들에
게 정영경은 이상한 느낌을 주기도 한다는데요. 원래 거울 속의 모습을 가
짜로 인식하는 이들에게 좌우가 바뀌지 않는 정영경 속의 모습은 가짜가
아니라 또 다른 나로 보이기 때문인지도 모르겠습니다.

21세기 요술거울 따라잡기 하나, 지식검색

왕비의 요술거울은 일종의 판타지적 소품이지만 현재의 과학은 요술
거울을 모방한 많은 기술을 상용화 하고 있습니다. 일례로 요즘 우리는 왕

비가 요술거울을 통해서 얻고자 했던 많은 답들을 인터넷을 통해 얻고 있습니다. 세상에서 가장 아름다운 사람, 그 사람의 주소, 그 사람과 친한 사람 등의 정보는 이제 인터넷을 통해 금방 알 수 있습니다. 왕비가 요즘의 인터넷을 접했다면 세계 각지의 수많은 미인들을 제거하기 위해 독이 든 사과를 짝으로 만들어야 했겠죠.

1990년대 초반 저속 랜(LAN)을 이용해 PC통신을 하던 때만 해도 자료의 양은 보잘 것 없었고, 검색에도 많은 제약이 있었습니다. PC통신은 말 그대로 통신의 매체일 뿐 정보의 누적과 데이터베이스화를 목표로 한 것은 아니었습니다. 하지만 PC통신이 사양세로 접어들고 마이크로 소프트

요술거울의 비밀

35

의 익스플로러의 사용이 확대되면서 인터넷은 지식의 창고, 지식의 보고로 떠올랐습니다. 이제 우리는 무엇이든 궁금한 것이 있으면 소위 '지식 검색'이라는 인터넷상의 개인비서를 통해 어렵지 않게 찾을 수 있습니다. 앞으로 더 나아가 시간과 장소에 구애받지 않고 정보를 제공받을 수 있으며 네트워크와 컴퓨터를 이용해 생활 속 기기의 작동을 명령할 수 있는 세상이 올지도 모릅니다. 이러한 기술을 유비쿼터스(ubiquitous)라고 합니다. 유비쿼터스는 물이나 공기처럼 시공을 초월해 '언제, 어디서나 존재한다'는 뜻의 라틴어로 사용자가 시간과 장소에 구애받지 않고 자유롭게 네트워크에 접속하는 것을 의미합니다.

이러한 유비쿼터스 기술이 가능한 것은 고성능 반도체의 소형화와 통신기술의 발달이 뒷받침되었기 때문인데요. TV 광고에서와 같이 밖에서도 휴대폰으로 집안의 각종 기기들을 작동하는 것이 유비쿼터스의 한 예라고 할 수 있습니다. 먼 미래에서나 가능할 것 같던 이러한 기술이 이미 생활주변에 하나둘씩 자리 잡기 시작했고, 동화 속 왕비와 같이 거울에 부착된 네트워크기기를 이용해 화장을 하면서도 자신이 원하는 정보를 얻을 날도 머지않은 것으로 보입니다.

21세기 요술거울 따라잡기 둘, GPS의 상용화

왕비의 요술거울이 가지고 있는 또 하나의 놀라운 기술은 백설공주가 어느 곳에 있든지, 왕비는 백설공주가 있는 곳까지 가는 길을 알아낸다는

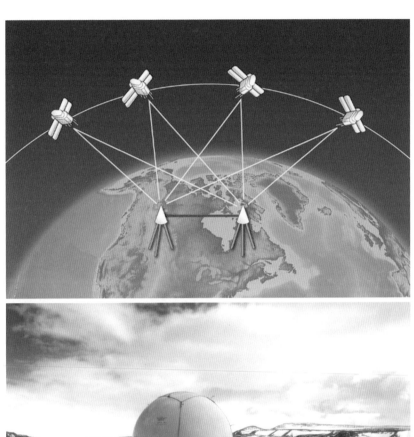

■ 4개의 위성을 활용한 GPS 시스템(위)과 극지방의 GPS 지상국(아래).
　일반적으로 사용되는 광역 보정 GPS는 위성(Space Segment)과 지상국(Ground Segment), 사용자와 수신기가 갖춰져
야 작업이 가능합니다. 지구의 자전과 위성의 움직임으로 위성의 위치 정보는 오차를 갖게 되는데 지상국은 이를 보정
해 정지위성으로 발신합니다. 사용자는 정지위성으로부터 보정된 위치정보를 받게 됩니다.

것입니다. 이러한 요술거울의 기능은 최근 상용화가 시작된 GPS(Global Positioning System, 전 지구적 위치 확인 시스템 또는 위성항법장치)와 유사한 기능입니다. GPS는 1978년 미국 국방부에서 군사용 목적으로 개발한 것이었습니다. 초기 국방부에서는 정확도를 떨어뜨리기 위해 민간용 송신정보에 고의적으로 오차를 집어넣었지만 민간 기술자들이 이를 고려하여 정확도를 높이자 2000년 5월부터 오류를 삭제하였습니다.

GPS는 삼각측량과 비슷한 삼변측량이라는 방법을 이용해 위치를 찾는 시스템입니다. 적어도 3대의 인공위성으로부터 위치 신호를 받아 삼변측량을 진행하게 됩니다. 각각의 인공위성은 전파가 도달하는 시간을 재서 거리를 추정하게 되는데(거리=속력×시간), 이를 토대로 3대의 인공위성 사이의 교점을 찾으면 그곳이 바로 GPS 수신기의 위치가 되는 것입니다. 예를 들어 첫 번째 인공위성에서 거리가 22,500km, 두 번째 인공위성이 23,000km, 세 번째가 24,000km라고 하면, 이 물체의 위치는 이 거리를 반지름으로 한 세 원이 교차하는 지점입니다. 다만 GPS위성과 수신기 사이에 여러 가지 이유로 오차가 발생할 수 있다는 이유로 이를 보정하는 4번째 위성을 두는 경우가 많습니다. 정확한 위치를 알아내기 위해서 4대의 위성을 필요로 합니다.

참 한 가지를 빠뜨렸군요. 사실 GPS 수신용 인공위성 4대가 갖춰졌다고 해서 모든 이의 위치를 추적할 수는 없습니다. 위성을 이용해 위치를 찾기 위해서는 찾고자 하는 이가 GPS 수신기를 가지고 있어야 합니다. 흔히 영화 속에서 특정 지역을 인공위성을 통해 살펴볼 수 있는 것은 그곳의 좌표를 알기 때문에 가능한 것이고요. 특정인이 수신기를 가지고 이동하지 않을 경우 그를 찾아낸다는 건 불가능합니다. 반면 한때는 GPS 기능이 있는 휴대폰으로 본인의 허락 없이 몰래 위치를 추적해 물의가 일기도 했었죠.

유비쿼터스나 GPS 기술은 인간의 기술이 인간의 상상력에 끊임없이 접근한 노력의 결과입니다. 그야말로 요술거울이 부럽지 않은 세상이 된 것이죠. 그러나 한편에서는 요술거울을 거머쥔 왕비가 백설공주를 죽이기 위해 요술거울을 사용했듯이 이러한 기술이 나쁜 이의 손에 들어가 무고한 이를 해치는 무기로 돌변할까봐 우려의 목소리도 높습니다.

영화 〈마이너리티 리포터〉에서는 생체기록을 이용해 결제가 가능하고 생활의 편리를 누리는 미래의 어느 날을 그려내고 있지만 그러한 시스템을 통해 개인의 정보와 위치가 쉽게 노출되는 부작용 또한 빼놓지 않고 이야기합니다. 만일 이러한 시스템의 정보가 절대 권력을 가지고자 하는 왕비에게 들어간다면 백설공주는 자신의 위치를 끊임없이 추적해 암살하려고 하는 왕비의 손아귀를 벗어나기 어려울 것입니다. 위대한 기술의 위력은 사용자의 의도에 따라 위험과 비례한다는 걸 상기해야겠습니다.

"왜 하필 일곱 난쟁이죠?" 숫자 7과 난쟁이 이야기

숲 속에 버려진 백설공주는 숲 속에서 일곱 난쟁이와 함께 살게 됩니다. 왜 하필 일곱 난쟁이일까요? '7'은 일반적으로 6일 동안 일을 하고 쉬게 되는 안식일을 상징합니다. 또한 유럽 중세의 자유칠과(自由七科, seven liberal arts, 중등교육 내지 고등교육 정도의 기초적 교과)와 여호수아가 여리고 성을 함락할 때 나팔수로 하여금 성을 일곱 바퀴 돌게 하였던 데에서 알 수 있듯이 자유를 의미하기도 합니다. 이와 같이 숫자 '7'은 좋은 이미지, 행운의 의미를 가지고 있습니다. 백설공주 또한 일곱 난쟁이를 만나서 왕비로부터 자유를 얻을 수 있는 계기를 마련하게 됐으니 행운을 얻었다고 할 수 있지요.

그렇다면 난쟁이는 어떤가요? 난쟁이는 어떻게 생기는 것일까요? 난쟁이는 왜소증, 왜소발육증(dwarfism), 주유증 등 여러 가지 이름으로 불리기도 합니다. 일반 평균 신장에서 30cm 이상 작은 경우를 난쟁이라고 하는데, 남자의 경우 145cm 이하 정도를 이야기합니다. 난쟁이의 원인은 20% 정도가 성장 호르몬 결핍이나 만성신부전증(만성신부전증의 증세는 다양한데 소아기 때 이 병을 앓게 되면 발육부진이 되기도 합니다) 등의

■ 〈반지의 제왕〉에 등장한 난쟁이. 영화와 각종 소설에서 난쟁이는 하나의 종족으로 자주 등장해 판타지를 만들어냅니다.

질병에 의한 것이고, 나머지는 가족성 왜소증이나 체질적 성장지연 등 원인은 여러 가지입니다. 질병이나 돌연변이에 의해 개인적으로 난쟁이가 되는 경우도 있지만, 피그미족이나 부쉬맨과 같이 종족적인 특징으로 나타나기도 합니다.

만일 난쟁이의 원인이 성장 호르몬 분비에 이상이 있는 경우라면 '성장 호르몬 주사'로 치료가 가능합니다. 만성신부전증을 가진 소아의 경우에도 이러한 치료는 효과가 있습니다. 부모가 모두 키가 큰 경우에는 부모만큼은 성장이 가능하죠.

성장 호르몬은 1980년대 유전공학기술이 발달하여 대량 생산이 가능하기 전까지 사체의 뇌하수체에서 얻었기 때문에 공급량이 절대적으로 부족할 수밖에 없었습니다. 사체 한 구당 성장 호르몬을 분비하는 뇌하수체에서 8mg의 성장 호르몬을 얻을 수 있었는데요. 이 방법으로는 1명의 환자를 치료하기 위해 1년에 50~80구의 사체가 필요했습니다. 성장 호르몬을 얻는 과정에서 막대한 비용이 들어간 건 말할 것도 없었습니다. 또한 건강하지 못한 사체가 종종 있었기 때문에 치료를 받은 사람들 중에는 일종의 치매인 크로이츠펠트야콥병에 걸리는 경우도 있어 치료에 많은 어려움이 따랐습니다. 이에 대한 대안으로 오늘날에는 박테리아에 유전자를 주입하여 성장 호르몬을 대량생산하고 있는데요. 이로써 많은 왜소증 환자가 정상적인 치료를 받을 수 있게 되었습니다.

디즈니의 애니메이션에서 그려지는 난쟁이의 모습은 현실에서 그들이 겪는 고통과는 무관하게 부드럽고 귀여운 이미지입니다. 하지만 각종 영화나 판타지 게임 속에서 난쟁이의 모습은 키가 작고 못생기고 괴팍한

■디즈니의 애니메이션에 등장한 헤파이스토스는 불과 대장간의 신으로 난쟁이의 모습을 하고 있습니다.

성격으로 묘사되는 경우도 많았습니다. 많은 작품에서 난쟁이가 거칠고 못생긴 것으로 묘사되는 것은 사실 그들의 직업과 무관하지 않습니다. 『백설공주』에서도 난쟁이가 낮에 산에서 금을 캐는 일을 한다는 것으로 그들이 광부라는 것을 알 수 있는데요. 다른 이야기에서도 난쟁이가 광부나 대장장이로 묘사되는 경우를 종종 발견하게 됩니다. 그리스신화에서 불과 대장간의 신인 헤파이스토스(로마의 불카누스)는 건장한 모습으로 그려지기도 하지만 난쟁이로 묘사되기도 합니다. 헤파이스토스는 굉장히 못생긴 신 중의 하나인데 그의 외모가 이러한 것은 그의 작업장이 지하 굴 속이기 때문입니다. 고대 대장간이나 광산에는 비소와 같은 중금속이 많은 작업 환경에 오래 노출되어 중금속 중독에 의해 대장장이나 광부의 모습이 흉하게 변하는 경우가 많았던 것입니다. 하지만 재미있게도 신화는 괴팍하고 못생긴 헤파이스토스의 부인을 아름다운 미의 여신인 비너스(아프로디테)로 그리면서 사랑에 있어 외모가 전부는 아니라는 진리를 보여줍니다.

단순히 키가 작은 것을 난쟁이라고 한다면 신화와 전설상에 등장하는 난쟁이는 생각보다 많습니다. 그리스신화에 등장하는 난쟁이 부족인 피그마이오스(Pygmaios), 마음씨 고약한 땅속 요정인 놈(Gnome), 농사일을

■ 디에고 벨라스케스의 작품 '시녀들'.
공주의 주변에 유희의 대상이었던
난쟁이가 서 있는 것을 볼 수 있습니다.

도와주는 갈색 요정인 브라우니(Brownie) 등이 그들입니다.

　전설이나 민화에서 뛰어나와 역사 속에 등장하는 난쟁이도 있습니다. 르네상스 시대의 난쟁이들은 궁중에서 광대노릇을 하면서 왕족이나 귀족들을 즐겁게 하곤 하였습니다. 짧은 사지는 상당히 민첩하게 보이기 때문에 그들은 광대로 인기가 높았습니다. 이들이 광대노릇을 한 것은 지능이 낮아서가 아니라 단지 귀엽게 보였기 때문이었습니다. 사지가 짧은 난쟁이들은 상대적으로 머리가 커, 귀엽게 보이는 경향이 있었던 것이죠. 디에고 벨라스케스(Diego Velazquez)의 '시녀들(Las Meninas, 1656)'이라는 그림을 보면 어린 공주와 개, 그리고 난쟁이가 함께 공주 주위에서 놀고 있는 모습을 볼 수 있습니다. 그러나 이 당시 난쟁이들은 왕족들에게 인간이 아니라 단지 그들의 즐거움을 위한 하나의 구경거리나 수집품으로밖에 취급받지 못하는 아픔을 겪어야 했습니다.

가장 일반적인 살인의 방법, 독살 이야기

　여러분도 아시는 바와 같이 왕비는 공주가 살아 있다는 사실을 알고 공주를 죽이기 위해 무려 세 번의 시도를 합니다. 첫 번째 시도는 아름다운 가슴 끈을 가지고 뒤에서 매어주는 척하다가 갑자기 조여서 기절시키는 것이었고 두 번째 시도는 독을 묻힌 빗으로 머리를 빗겨주는 척하다가 머리에 꽂아서 죽이려고 한 것입니다. 다행히 왕비의 노고에도 불구하고 두 번 모두 끈을 풀거나 빗을 빼내는 것으로 백설공주를 죽이는 일은 실패

하게 됩니다.

세 번째이자 마지막으로 시도한 것이 그 유명한 '독이 든 사과 먹이기'입니다. 아무리 순진한 공주이지만 세 번째는 왕비를 의심하게 됩니다. 공주가 의심하자 왕비는 사과의 절반에만 독을 발라 자신은 독이 없는 쪽으로 먹고 공주에게는 독이 있는 쪽을 먹여 공주 독살 작전에 성공하게 됩니다. 물론 뒤늦게 밝혀진 바에 의하면 목에 사과가 걸려서 왕자가 관을 운반하던 도중 목에 걸린 사과가 튀어 나와 다시 깨어나지만, 일단은 독살에 성공한 듯이 이야기는 진행됩니다.

왕비의 범행일지를 살펴보면 왕비는 한 번은 힘으로 나머지 두 번은 독을 사용하여 공주를 살해하려고 합니다. 여기서 짚어 보건대 왕비가 독을 사용한 것으로 이야기는 왕비를 나쁜 마녀로 몰고 가기도 하지만 사실 독은 동서고금을 통해 널리 알려진 살인 재료입니다. 연금술의 발상지인 이집트는 물론이고 주술사들이 있었던 원시 부족에 이르기까지 각종 독과 환각제들은 독살과 의식에서 널리 사용되었습니다. 역사책을 뒤져보면 독이 등장하지 않았던 시절이 없었을 만큼 독살은 널리 이용된 방법이었습니다. 독에 의해 세계사는 수도 없이 새로 쓰였다고 해도 과언이 아닙니다.

『백설공주』에서는 질투가 원인이 되어 독을 사용하는데, 역사 속에 등장하는 상당수의 독살도 질투에 의한 것이 많았습니다. 더불어 가족간의 권력이나 부를 얻기 위한 독살도 드물지 않았습니다. 로마의 유명한 폭군 네로는 친모 아그리파가 남편이었던 황제 클라우디우스를 독살함으로써 황제가 될 수 있었습니다. 자세히 살펴보면 아그리파는 황제가 버섯 요리를 좋아하는 것을 알아차리고 버섯에 독을 넣습니다. 황제 클라우디우스가 괴로워하며 버섯을 토해내자 시의(侍醫)인 크세노폰과 짜고 버섯을 더 토해내야 한다는 구실로 독이 묻어 있는 깃털을 넣어 황제를 시해하는 데 성공합니다. 당시 로마는 근친혼이 드물지 않았는데 황제 클라우디우스는 네로의 숙부이기도 했습니다. 네로는 황제 클라우디우스의 아들이자 그의 이복형제인 브리타니쿠스를 독살함으로써 왕권을 강화시키기도 하죠. 그리고 여인의 꼬임에 빠져 이복동생이자 부인인 옥타비아를 죽이고, 권력에 방해가 되자 그의 어머니마저 죽입니다. 이와 같이 로마에서는 독살이 끊이지 않았고 이를 전문으로 하는 암살자들도 들끓었기 때문에 독살에 대한 지식이 널리 유포되었습니다.

클레오파트라는 독사에게 자신의 유방을 물게 하여 편안하게(?) 옥좌에서 죽었습니다. 소크라테스는 독인삼이 든 잔을 간수에게 받아 마시고 친구와 제자들이 보는 앞에서 죽었다고 전해집니다. 유럽 각국의 황제들

■ 자크 루이 다비드가 그린 '소크라테스의 죽음'.
1787년에 파리에서 처음 전시된 이 그림은 현재
뉴욕 메트로폴리탄미술관에 소장되어 있습니다.

은 물론이고 레오 10세와 같은 교황도 독살의 타깃이 되는 등 당시는 누구
도 독으로부터 자유로울 수 없었습니다. 또한 셰익스피어의 『로미오와 줄
리엣』『햄릿』 등의 작품에도 독이 등장하는 것에서 알 수 있듯이 당시의
독은 일상생활에서 흔히 구할 수 있는 것이었습니다.

왕비 왈 "공주여 박수칠 때 떠나라."

흔히들 독살이라면 청산가리를 떠올리지만 과거로부터 가장 많이 사
용된 독살 재료는 비소화합물이었습니다. 비소화합물 독살 사건으로 토파
나의 부인 이야기를 빼놓을 수 없습니다. 17세기 이탈리아의 토파나 부인
은 '토파나 수(Aqua Toffana)'라고 불리는 비소를 함유한 화장품을 만들
어 팔았는데 그녀가 판 화장품은 화장보다는 남편을 독살하는 데 그 목적
이 있었다고 합니다. 토파나 부인에게서 화장품을 구입한 부인들은 독이
든 화장품을 볼에 바른 후 남편이 볼에 입을 맞추도록 해 살인을 자초하도
록 만들었습니다. 당시 토파나 부인의 화장품을 이용한 살인으로 무려
600여 명의 남자들이 목숨을 잃었습니다. 비소는 맛이 없고, 소량으로 확
실한 효과를 볼 수 있을 뿐만 아니라 그때의 기술로는 검출조차 어려워 그
토록 많은 사망자를 낼 때까지 사건은 미궁에 빠져 있었습니다.

한편 나폴레옹 또한 비소 중독으로 죽었다는 설이 제기되기도 했는데
요. 후대의 사람들이 나폴레옹의 머리카락을 검사해 보니 상당량의 비소
가 검출되었다고 해서 의문이 제기되었습니다. 하지만 비소 중독이 아니

라 비소가 들어간 발모제를 발랐기 때문에 머리카락에 비소가 검출되었다는 반론도 제기되었습니다. 항간에는 나폴레옹이 녹색을 좋아해서 그의 방을 비소가 들어간 녹색으로 꾸미다가 중독되어 죽었다는 설이 나오기도 했습니다.

독살에 있어서 우리나라도 예외는 아닙니다. 한가람 역사문화연구소 이덕일 소장은 『조선 왕 독살사건』이라는 책에서 조선 왕조의 27명의 임금 중 7명의 임금이 독살되었을 가능성이 있다고 주장했습니다. 이는 조선왕 4명 중의 1명이 독살되었다는 것으로 임금은 항상 독살의 위협 속에서 살아야 했던 듯합니다. 임금은 보통 궁궐 한가운데 삼엄한 경비 속에 살고 있었기 때문에 무력을 통해 살해하는 것이 쉽지 않은 상황에서 독살은 병사로 처리되어 음모가 들통 날 가능성이 적은 탓에 많이 이용되었을 것이라고 추측됩니다. 이에 왕들은 독살의 위험에서 살아남기 위해 기미상궁(氣味尙宮)이라는 임금이 먹는 음식에 독이 있는지 확인하는 궁녀를 두기도 했습니다.

독은 독살이나 자살에 이용되기도 하지만 단순한 부주의로 독극물 사고를 일으키기도 합니다. 해마다 많은 이들이 독인지도 모르고 독극물을 먹는 사고가 발생하고 있고 특히 어린이처럼 위험의식이 없는 경우에는 그 피해 정도가 컸습니다.

독극물이라고 하면 멀리 있는 것 같지만 집안의 각종 세제와 약품들이 모두 치명적인 독약이 될 수 있습니다. 살충제나 벤젠 등 가정 내 독극물을 섭취한 경우는 일반적으로는 토하는 것이 좋습니다. 하지만 락스나 표백제와 같은 부식성 독의 경우 토하는 동안 식도 등이 화상을 입을 수 있어 물이나 우유를 마셔 희석시키는 것이 좋습니다. 야외에서 독초나 독버섯을 먹었을 경우에는 어떤 독인지 알 수 있도록 독초나 독버섯을 병원으로 가져가는 것이 좋습니다. 응급처치로는 우유나 물을 마시면 독이 퍼지는 시간을 늦출 수 있어 도움이 된다고 합니다.

2005년에 개봉되어 인기를 얻었던 영화 〈박수칠 때 떠나라〉는 시안화합물의 독약을 먹고 자살한 여인을 두고 공개수사를 벌이는 내용이었습니다. 영화는 사인이 밝혀질 때까지 미궁에 빠져듭니다. 최후에 여인의 사인이 독살이란 것이 밝혀졌을 때 그녀의 죽음이 자살이라는 것도 함께 밝혀집니다. 독살은 원인이 밝혀지기 전까지 사인을 단정 지을 수 없고 사인이 밝혀졌다고 해도 누가 어떻게 죽였는지 확인하기 힘든 살인방법입니다. 머리 좋은 왕비는 그걸 알았기 때문에 백설공주에게 독이 든 사과를 먹였겠죠?

백설공주 부부의 구사일생 생존기

백설공주의 경우에는 독이 든 사과를 먹은 것이 아니라 사과 조각이 목에 걸렸기 때문에 독을 섭취하지 않아 운이 좋았다고 생각할 수 있습니다. 그렇다면 일단 입술에 독을 묻히고, 죽은 듯이 누워 있는 공주에게 키스를 한 왕자는 어떨까요?

독을 먹어 호흡 곤란 증세가 오는 경우에 죽어가는 사람을 살리기 위해서 인공호흡을 실시하는 것은 맞습니다. 하지만 인공호흡을 하는 사람은 인공호흡을 당하는 사람의 입에 독이 남아 있는 경우에 같이 중독될 수 있는 위험에 놓이게 됩니다. 이때는 구강대 비강법, 즉 입을 통한 인공호흡이 아니라 코를 통한 인공호흡을 하는 것이 좋습니다. 중독된 독이 청산가리일 경우에는 위에서 올라온 가스에 의해 중독될 수도 있기 때문에 특히 주의해야 합니다. 중독된 공주에게 키스를 하는 것은 자칫 목숨을 건

인공호흡 주의보

모험이 될 수 있음에도 아름다움의 유혹이 얼마나 강했는지 왕자는 서슴없이 키스를 합니다. 다행히 목숨에는 이상이 없었던 듯합니다.

그렇다면 독이 든 사과를 먹고도 죽지 않은 공주는 어떨까요? 사과가 목에 걸려 질식을 했던 공주는 독이 든 사과를 먹는 것보다 운이 좋은 것일까요? 난쟁이들이 공주를 발견했을 때 공주는 이미 숨을 쉬지 않았습니다. 난쟁이들은 공주가 숨을 쉬지 않은 것으로 그녀가 죽었다고 판단하고 유리로 만든 관에 넣어 보관을 합니다. 그리고 사흘이 흐르게 됩니다. 사람의 뇌는 산소 공급이 중단된 뒤 15초가 지나면 의식불명이 되고, 4분이 지나게 되면 심하게 손상을 입게 됩니다. 따라서 사흘 동안 호흡을 하지 않았다면 살아날 가능성이 희박할 것입니다. 입술에 묻은 독으로부터 건재한 왕자와 사흘 동안 유리관에서 있다가 살아난 공주야말로 우리시대가 요구하는 '세상의 이런 일이'의 주인공일 것입니다. 더불어 사랑의 힘은 위대하다는 것을 보여준 미담의 주인공이 될 것입니다.

용궁의과대학 출신
목소리 성형의 대가를 소개합니다

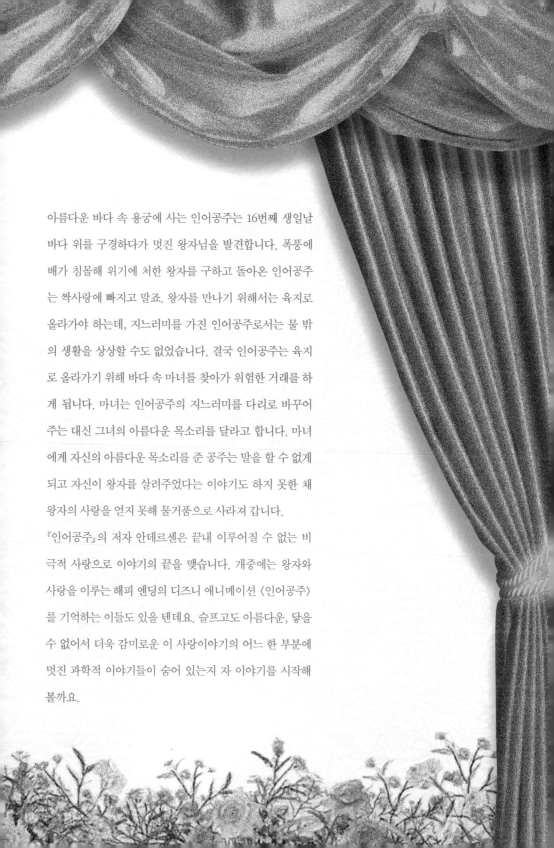

아름다운 바다 속 용궁에 사는 인어공주는 16번째 생일날 바다 위를 구경하다가 멋진 왕자님을 발견합니다. 폭풍에 배가 침몰해 위기에 처한 왕자를 구하고 돌아온 인어공주는 짝사랑에 빠지고 말죠. 왕자를 만나기 위해서는 육지로 올라가야 하는데, 지느러미를 가진 인어공주로서는 물 밖의 생활을 상상할 수도 없었습니다. 결국 인어공주는 육지로 올라가기 위해 바다 속 마녀를 찾아가 위험한 거래를 하게 됩니다. 마녀는 인어공주의 지느러미를 다리로 바꾸어주는 대신 그녀의 아름다운 목소리를 달라고 합니다. 마녀에게 자신의 아름다운 목소리를 준 공주는 말을 할 수 없게 되고 자신이 왕자를 살려주었다는 이야기도 하지 못한 채 왕자의 사랑을 얻지 못해 물거품으로 사라져 갑니다.

『인어공주』의 저자 안데르센은 끝내 이루어질 수 없는 비극적 사랑으로 이야기의 끝을 맺습니다. 개중에는 왕자와 사랑을 이루는 해피 엔딩의 디즈니 애니메이션 〈인어공주〉를 기억하는 이들도 있을 텐데요. 슬프고도 아름다운, 닿을 수 없어서 더욱 감미로운 이 사랑이야기의 어느 한 부분에 멋진 과학적 이야기들이 숨어 있는지 자 이야기를 시작해 볼까요.

최소의 에너지로 최대의 효과를 내는 '소리'

인간뿐 아니라 동물도 의사소통을 위해 오래전부터 소리를 이용해 왔습니다. 가을의 전령사라고 불리는 귀뚜라미로부터 『개미와 베짱이』라는 우화 덕분에 놀기 좋아하는 대표 곤충으로 선정된 베짱이까지 많은 곤충들이 소리로 사랑을 속삭이고 동료들에게 위험을 경고합니다. 소리는 이처럼 작은 곤충뿐 아니라 거대한 동물인 코끼리나 대부분의 육상 동물들에게까지 더없이 효과적인 의사전달의 수단이라고 할 수 있습니다.

소리는 아주 적은 에너지로 많은 정보를 전달할 수 있는 대표적인 의사소통 수단입니다. 동물들은 나름대로 동족들 또는 자신에게 접근하는

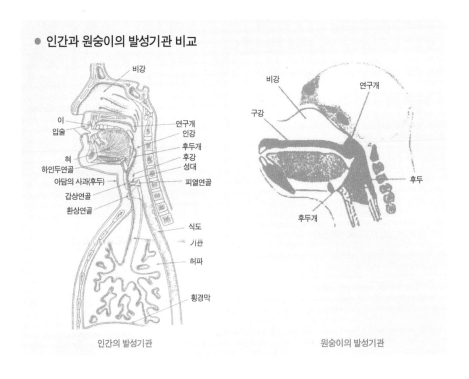

● 인간과 원숭이의 발성기관 비교

인간의 발성기관

원숭이의 발성기관

■ 영화 〈혹성탈출〉은 인간과 원숭이의 위치가 바뀌어 문명을 잃어버린 인간사회를 묘사하고 있습니다.

다른 동물들에게 자신의 의사를 표현하기 위해 소리를 사용해 왔습니다. 비록 동물들이 말을 할 수는 없다고 하더라도 상대에게 겁을 주거나 자신의 감정 상태를 표현하는 데 소리를 요긴하게 사용한 것이죠.

다른 동물들과 달리 인간은 동물의 소리와 비교도 되지 않을 만큼 정교한 소리를 내는 발성기관을 가지고 있습니다. 인간과 원숭이가 외견상 비슷하게 생겼다고는 해도 원숭이들은 인간처럼 말할 수는 없습니다. 이것은 단지 원숭이가 인간보다 낮은 지능을 가지고 있기 때문이 아니라 원숭이들이 인간을 따라잡을 수 있는 정교한 발성기관을 가지고 있지 않기 때문입니다. 영화 〈혹성탈출〉에서는 인간과 원숭이의 위치가 바뀌어서 원숭이들은 서로 말을 하고 문명생활을 하는 반면 인간들은 원숭이의 사냥감이나 연구 대상으로 전락해 버린 모습으로 그려집니다. 하지만 영화 속에서와 같이 수천 년이 흐른다고 해서 원숭이들이 말을 하게 될 가능성은 희박합니다. 진화론을 보면 인간이 다른 영장류와의 공통 조상으로부터 갈라져 나와 오늘날의 모습을 가지게 되는 데 500만 년이라는 기나긴 세월을 필요로 했습니다. 때문에 수천 년이 흐른다고 해서 원숭이가 인간의 구강구조를 갖는다는 건 불가능합니다.

왜 물 속에서는 말을 하지 못하나

인어공주는 왕자를 만나기 위해 인간이 되기로 결심하고 마녀와 돌이킬 수 없는 거래를 하고 맙니다. 인간이 되기 위해 자신의 아름다운 목소리를 마녀에게 주기로 한 것이죠. 이 때문에 공주는 자신이 왕자를 구한 사람이라고 말도 하지 못한 채 결국 애틋한 짝사랑만 하다가 물거품으로 사라지게 됩니다. 여기서 포인트는 인어공주가 아름다운 목소리를 과시할

● **인간의 발음과 발성기관**

소리를 내는 방법		소리를 내는 자리	두 입술	윗잇몸 혀끝	경구개 혓바닥	연구개 혀 뒤	목구멍
안울림 소리 (무성음)	파열음	예사소리	ㅂ	ㄷ		ㄱ	
		된소리	ㅃ	ㄸ		ㄲ	
		거센소리	ㅍ	ㅌ		ㅋ	
	파찰음	예사소리			ㅈ		
		된소리			ㅉ		
		거센소리			ㅊ		
	마찰음	예사소리		ㅅ			ㅎ
		된소리		ㅆ			
울림 소리 (유성음)	비음		ㅁ	ㄴ		ㅇ	
	유음			ㄹ			

수 있도록 물 속에서도 말을 할 수 있었다는 점입니다. 애니메이션 〈인어 공주〉에서는 물 속에서 다양한 캐릭터들이 자연스럽게 대화를 하는 모습을 볼 수 있는데 우리는 이러한 설정을 자연스럽게 받아들입니다. 이와 같이 책으로 읽거나 애니메이션으로 볼 때는 물 속에서 이야기하는 것이 전혀 이상하게 느껴지지 않습니다. 하지만 물 속에서 다른 사람들과 이야기를 시도해 본 사람이라면 물 속에서 말을 한다는 것은 대단히 어려운 일이며 물을 먹어가며 말을 한다고 해도 거의 알아들을 수 없다는 것을 알 것입니다.

그렇다면 물 속에서는 왜 말을 하지 못할까요? 인간의 소리는 폐에서 나온 공기가 성대를 지날 때 성대가 떨려서 나옵니다. 성대의 떨림에 의해 만들어진 소리는 입이나 코를 통해서 빠져 나오게 되는데 성대를 사용해서 만들어진 소리를 유성음(울림소리)이라고 합니다. 모음과 ㄴ, ㄹ, ㅁ, ㅇ에 속하는 음이 대표적인 유성음이라고 할 수 있습니다. 반면 성대의 떨림을 이용하지 않고 입술이나 혀를 이용해서도 소리를 낼 수 있는데, 이를

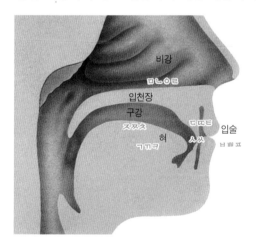

무성음(안울림소리)이라고 하며 유성음을 제외한 나머지가 여기에 속합니다.

이와 같이 말을 하기 위해서는 성대뿐 아니라 입을 이용하게 됩니다. 즉, 제대로 말을 하기 위해서는 폐에서 적당량의 공기를 불어내고

성대뿐 아니라 혀와 입, 코 등의 복잡한 기관들을 적절하게 사용해야 하는 것입니다. 그러나 물 속에서는 입을 벌리게 되면 물이 들어오기 때문에 이러한 발성기관들을 제대로 활용할 수 없어서 정상적인 말을 할 수 없게 됩니다.

또한 힘들게 물 속에서 소리를 냈더라도 물 속에서의 음파는 멀리 전달되지 못합니다. 물 속에는 공기 방울이나 여러 가지 물질들이 떠다니는데 이러한 것들이 소리를 산란시켜 소리의 전달을 어렵게 하기 때문입니다. 더불어 소리는 공기 중에서 물 속으로 들어갈 때 99.9%가 반사되어 버립니다.

이러한 악조건을 극복하고 잠수함이나 물고기를 잡기 위한 장비인 어군 탐지기는 소리를 이용해서 바다 속을 봅니다. 빛이나 전자파와 같은 전자기파는 물 속에서 쉽게 에너지를 잃어버리기 때문에 잘 사용되지 않습니다. 반면 음파나 초음파는 보다 먼 거리까지 전달됩니다. 따라서 돌고래는 먹이를 잡을 때 초음파를 씀으로써 눈으로 보는 것보다 먼 거리에 있는 먹잇감을 포획할 수 있습니다. 잠수함 영화를 보면 '피~용, 피~용' 하면서 일정한 소리가 나는 것을 들을 수 있는데요. 이것은 바다 속 물체를 찾기 위해 내는 소리입니다. 이 장치를 소나(SONAR : Sound Navigation And Ranging)라고 하는데 일례로 소나에서 발사된 음파가 잠수함에 반사되어 돌아오는 것을 관찰하면 적의 잠수함이 있는 것을 확인할 수 있습니다.

이러한 사실로 미루어 볼 때 물 속에서 말을 할 수 있었던 인어공주는 물에 영향을 받는 사람과는 다른 발성기관을 가지고 있었으리라 추측해 볼 수 있습니다. 인어공주는 사람들이 들을 수 있는 음파가 아니라 초음파를 이용하거나 목이 아니라 다른 발성기관을 이용할 수도 있을 것입

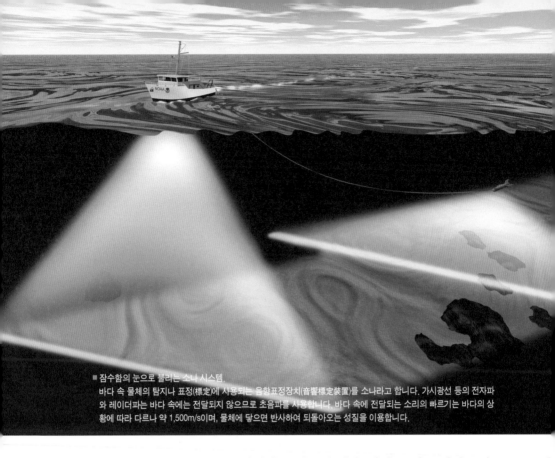

■ 잠수함의 눈으로 불리는 소나 시스템
바다 속 물체의 탐지나 표정(標定)에 사용되는 음향표정장치(音響標定裝置)를 소나라고 합니다. 가시광선 등의 전자파
와 레이더파는 바다 속에는 전달되지 않으므로 초음파를 사용합니다. 바다 속에 전달되는 소리의 빠르기는 바다의 상
황에 따라 다르나 약 1,500m/s이며, 물체에 닿으면 반사하여 되돌아오는 성질을 이용합니다.

니다. 그렇다면 마녀는 물 밖에서는 힘들게 말을 한다고 해도 거의 들을
수 없게 되는 '목소리'를 가져다가 어디에 쓰려고 한 것일까요?

아름다운 목소리로 성형해 드립니다

백설공주가 아름다운 외모를 가졌다면, 인어공주는 아름다운 목소리
를 가지고 있습니다. 이 때문에 마녀는 인어공주의 아름다운 목소리를 받
는 조건으로 그녀의 소원을 들어주게 됩니다. 성우나 가수의 목소리를 들
어보면 아름다운 목소리가 사람을 더욱 매력적으로 보이게 하는 것을 알

수 있습니다. 이와 같이 아름다운 외모만큼이나 아름다운 목소리도 사회
생활을 하는 데 영향을 주는 경우가 많습니다. 뛰어난 외모를 가졌는데도
목소리가 외모와 어울리지 않아 자신감을 잃어버리는 경우도 있고요. 몸
집이 큰데도 음색이 아이처럼 작고 귀엽다거나, 여성스러운 외모에도 불
구하고 남자같이 굵은 목소리가 나는 경우는 사람들과의 대화에서 어려움
을 호소할 것이 틀림없습니다.

　뛰어난 외모뿐 아니라 그에 걸맞은 매력적인 목소리가 선호되기 때문
에 마녀가 인어공주의 아름다운 목소리를 탐낸 것은 당연하다고 할 수도
있습니다. 그렇다면 마녀가 인어공주의 목소리처럼 아름다운 목소리를 가
질 수 있는 방법은 없을까요? 이렇게 아름다운 목소리 또는 자신에게 어
울리는 목소리를 만들어주기 위해 음성 성형이라는 기술이 생겨났습니다.

● 인간의 소리 인식 과정

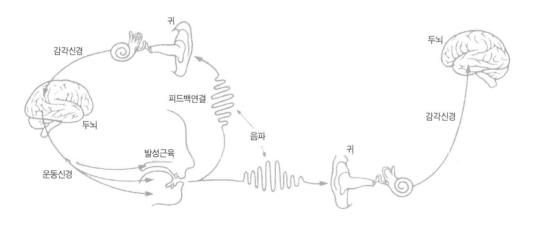

■ 음파로 전달된 소리는 귀를 통해 감각신경으로 전달되어 뇌에서 인식됩니다. 사람들은 때때로 사람의 음색을 통해 상
대를 판단하기도 합니다.

외모에 맞지 않거나 쉰 소리가 나는 사람들이 음성 성형의 대상자들입니다. 일례로 성전환자들의 경우 남자에서 여자로 외모가 바뀌었는데 목소리는 남자처럼 굵은 목소리가 나온다면 매우 곤란하겠죠. 이러한 사람들은 음성 성형을 통해 자신의 외모에 맞는 목소리를 찾을 수 있습니다.

목소리는 성대의 모양, 성대의 떨림, 기도의 모양, 구강의 구조, 폐에서 올라오는 공기의 압력 등 다양한 요인에 의해 정해집니다. 목소리를 결정하는 데 가장 중요한 것은 성대입니다. 일반적으로 높은 소리라고 하는 것은 성대가 더 많이 떨 때 나는 소리입니다. 소리의 높고 낮음은 진동수를 가지고 나타내는데 단위는 Hz(헤르츠)를 사용합니다. 1Hz는 1초에 한 번 진동하는 것을 나타내는데 여자는 200~250Hz, 남자의 경우에는 100~150Hz의 진동수를 가지기 때문에 여자들이 더 높은 음역의 노래를 부를 수 있습니다. 변성기를 거치지 않은 남학생들은 굵직한 목소리의 친구들로부터 놀림을 받기도 하는데요. 이는 남학생의 성대가 아직 남자의 영역대를 확실히 찾지 못한 때문입니다.

성대는 목의 양쪽에 위치한 크기가 2cm정도의 근육으로 이루어진 기관으로 아기일 때는 길이가 짧고 성장하면서 길어지며, 남자가 여자보다 길이가 더 긴 것이 보편적입니다. 그래서 아기나 여자들이 높은 소리를 내고, 남자는 낮은 소리를 내게 되는 것이죠. 쉽게 설명하면 기타줄을 짧게 하면 높은 소리가 나고 길게 하면 낮은 소리가 나는 것과 같습니다. 실험을 해보고 싶으면 유리병에 물을 점점 더 채워가며 바람을 불어 소리를 내어보세요. 물이 많이 찰수록 높은 소리가 나는 것을 확인할 수 있습니다. 병에서 공기가 들어가 소리가 나는 부분을 공명기라고 하는데 여성은 이

공명기와 같은 부분의 길이가
짧습니다. 그래서 여자들이 더
높은 소리를 내는 것이기
도 합니다.

　따라서 음성 성형
은 높은 소리를 원할
경우 성대를 절제하여
길이를 짧게 하거나, 낮은 소
리를 원할 경우 성대 근육에

■ 유리병이 목의 길이에 따라 소리가 다르듯 인간도 성대의 길이에
따라 음역대가 다르게 나타납니다.

보톡스를 주사하여 높은 소리를 내지 못하는 방법을 통하여 진행하게 됩니
다(미국에서는 실제 젊게 성형을 한 후 목소리도 외모에 맞춰 성형하는 수
술이 유행한다고 합니다).

　아름다운 목소리란 올바른 발성법을 통해 남이 들었을 때 감흥을 일
으킬 수 있는 소리입니다. 백화점이나 길거리에서 홍보를 하는 이들을 보
면 목소리들이 모두 비슷하다는 것을 느낄 수 있습니다. 모두 가성(假聲)
을 내기 때문인데요. 인위적인 가성은 듣는 사람에게 어떤 감동을 줄 수는
없습니다. 그들의 목소리들이 주의를 끌기는 하지만 다시 듣고 싶지는 않
지요. 술을 마시거나 목욕탕에서 노래를 부르면 노래가 더 잘 불러진다는
사람들이 있습니다. 이는 긴장을 적게 하면 성대의 움직임이 더 자유롭기
때문에 일어나는 현상입니다. 또한 목욕탕에 습기가 많아 성대를 촉촉하
게 적셔주기 때문이기도 합니다. 습기가 많은 바다에 있는 인어공주가 노
래를 잘하는 이유도 이러한 것일 수도 있겠네요.

같은 목소리는 단 한 개도 없다

목소리는 훈련여부에 따라서 조금씩 변화가 찾아오기도 하지만 기본적으로 타고난 신체 구조를 벗어난 소리를 만들어 낼 수는 없습니다. 복화술이나 성대모사 등의 기술을 통해 입을 벌리지 않고 목소리를 내거나 남

인어공주의 목소리와 다리 교환 작전

의 목소리를 흉내 낼 수는 있어도 완전히 같은 소리를 낼 수는 없죠.

애니메이션 〈명탐정 코난〉에서 코난이 사건을 해결할 때 사용하는 목소리 변조용 나비넥타이는 매우 놀라운 성능을 발휘합니다. 다른 사람의 목소리를 똑같이 낼 수 있게 해 주는 것이죠. 하지만 현재의 기술은 이러한 기능을 가진 기계를 만드는 데까지 도달하지 못했습니다. 시중에 나와 있는 여러 가지 도구들은 단순히 목소리를 바꾸어 줄 뿐, 어떤 특정의 목소리와 완전히 같게 나오게 하지는 못합니다. 이렇게 각 개인의 독특한 목소리를 성문이라고 하는데 개개인이 고유한 다른 특징을 가지고 있기 때문에 지문과 같이 개인의 신분을 확인하는 데 사용할 수 있습니다.

병이나 사고로 후두를 절개한 사람은 말을 할 수 없습니다. 이러한 사람들은 다른 사람의 후두를 이식하면 되는데, 아직까지 후두 이식은 거의 시행되지 않고 있습니다. 후두가 생존에 꼭 필요한 장기가 아니기 때문에 이식 수술에 대한 수요가 그리 많지 않습니다. 현재는 기계로 된 인공후두를 이식하여 소리를 내는데 기계 소리처럼 들린다는 단점 외에는 큰 불편이 없다고 합니다.

목소리를 받는 마녀가 벙어리였던 것은 아니기 때문에 마녀는 공주의 성대를 이식받을 필요는 없었을 것입니다. 음성 성형이나 음성 미용 수술만으로도 어느 정도 아름다운 목소리를 가질 수 있었을 겁니다. 물론 인어 공주와 발성기관의 구조가 다르기 때문에 그녀와 똑같은 소리를 내기는 어렵지만 말이죠.

조금 오래된 영화이기는 하지만 〈스플래시〉에 등장하는 인어를 기억하는 분들이 있을 겁니다. 다릴 한나가 연기한 아름다운 인어의 모습은 아이들뿐만 아니라 많은 남성들의 마음을 설레게 했습니다.

상반신은 인간의 모습을 하고 기다란 꼬리를 가진 인어의 모습은 전설이나 동화에 흔히 등장하죠. 사실 '이상한 동물'은 비단 인어만 있는 것은 아닙니다. 『이상한 나라의 앨리스』에는 그리펀이라는 전설의 동물이 등장하고 『해저 2만 리』에는 크라켄이라는 전설 속 동물의 정체가 벗겨집니다. 이와 같이 동화나 전설 속에는 인어 외에도 여러 가지 신비의 동물들이 등장하는데 이들의 정체에 대해서 밝혀진 바는 아직까지 많지 않습니다. 그럼 여기서 그들의 정체를 파헤쳐 볼까요?

인어는 허리 위는 사람의 모습을 하고 있지만, 허리 아래는 비늘로 덮힌 꼬리를 가진 반인반어의 퓨전 생물입니다. 기록도 다양하게 존재해 그리스신화에 등장하는 해신 트리톤도 인어이며, 『산해경』이라는 중국 고사에 등장하는 능어도 인어를 가리키는 말입니다. 인어는 동서양을 막론하고 많은 나라에서 전설이나 이야기의 형태로 전해집니다. 이렇게 많은 나라에서 인어에 대한 이야기가 전해짐에도 불구하고 아직 인어가 발견된 적은 없습니다. 인어 미라가 있다고 하지만 만들어진 미라이며 실제 인어의 미라는 아닙니다(물론 진짜라고 주장하는 사람도 있습니다). 그렇다면 세계 각지에서 등장하는 인어 이야기는 어떻게 나온 것일까요?

과학자들에 의해 널리 받아들여지는 이야기는 비슷한 동물을 잘못 인식한 데서 생기는 착오로 인어가 탄생했다는 것입니다. 인어의 본고장이라 불리는 북유럽에서는 인어를 보았다는 목격담이 자주 등장하는데, 이는 바다소라는 동물을 보고 착각했을 것이라는 추측입니다. 멀리 안개 속의 바다소는 노래하는 인어의 모습을 연상하기에 그만입니다. 이와 같이 인어는 뱃사람들의 착각이 만들어낸 상상의 동물일 가능성이 많습니다.

하지만 모든 사람들이 인어와 같이 신비로운 동물이 전설이나 신화 속에서만 등장한다고 생각하는 것은 아니며, 이러한 동물들이 실존한다고 믿는 사람들도 있습니다. 그런데 인어와 같이 각국의 신화나 전설 속에 등장하는 동물을 연구하는 이들이 있으니 이들이 바로 신비동물학(Cryptozoology)의 연구자들입니다. 프랑스의 생물학자 조르주 퀴비(Georges Cuvier)에는 1819년 "앞으로 새로운

■ 인간으로 쉽게 오인되는 바다소.

종의 포유류를 발견할 가능성은 거의 없다."고 말했지만 이는 너무 성급한 결론이었습니다. 흰코뿔소, 코알라, 오리너구리, 오카피, 마운틴고릴라 등은 그가 이 말을 한 후에 새로 발견된 동물들입니다. 이와 같이 새로운 종의 동물이 계속 발견되고, 실러캔스와 같이 이미 오래전에 멸종되었을 것으로 여겨졌던 생물이 발견되면서 사람들은 아직도 발견되지 않은 미지의 생물이 있을지도 모른다는 생각을 하게 되었습니다. 이렇게 전설이나 신화, 각 민족에 전해져 내려오는 신비의 동물을 찾아다니는 일이 신비동물학자의 몫입니다.

신비동물학에 등장하는 동물들 중 널리 알려진 것으로는 네스 호의 네시, 히말라야의 설인(雪人) 예티, 노르웨이의 셀마, 북미의 빅풋 등이 있습니다. 이러한 동물들은 아직 그 실체가 벗겨지지 않았지만 콩고의 오카피, 인도네시아의 코모도 드래건, 아프리카의 실러캔스, 하와이의 메가

■ 네시 호에 살고 있다고 이야기되는 네시 동상(왼쪽)과 히말라야의 설인 예티 그림(오른쪽).

마우스, 샘 해에 살고 있는 대왕오징어는 그 존재가 확인되면서 많은 사람들을 놀라게 했습니다.

하지만 이러한 신비동물들의 실존에 대한 전망이 그다지 밝은 것은 아닙니다. 영국 네스 호에 출몰한다는 괴물 '네시'를 찾기 위한 몇 차례의 대대적인 조사는 번번이 허탕을 쳤고, 결국에는 네시의 사진이 마네킹을 동원해 조작된 합성사진이라는 것이 밝혀졌습니다. 이러한 과정 속에서 대부분의 신비동물이 단순한 소동거리에 지나지 않는가 하는 의심을 받게 되었습니다. 네시의 경우만 해도 하나의 종(種)이 없어지지 않고 살아남으려면 적어도 500마리 이상 생존해야 하는데, 그 정도의 개체가 호수에 존재한다면 아직까지 한 번도 발견되지 않을 리가 없다는 것이 과학자들의 생각입니다.

신비의 동물이 존재한다는 것은 분명 놀랍고 반가운 일입니다. 아무도 믿지 않는 것을 찾아다니는 것은 남들의 웃음을 살 수도 있지만 또한 신비에 도전하는 모험적인 일일 수도 있죠. 보이는 것이 전부가 아니라는 그들의 믿음이 더 많이 사실로 증명되기를 바라는 이가 비단 저뿐만은 아닐 것입니다.

'인어는 인간의 조상' 하디의 수생유인원설 들여다보기

여러분도 아시다시피 인어공주의 고향은 바다입니다. 진화인류학을 통해서 우리는 인류를 비롯해 모든 생명의 어머니는 바다이며, 인간의 먼 조상은 물고기라고 배웠습니다. 또한 한편에서는 태초 생명의 탄생이나 진화상의 조상을 의미하는 것이 아니라 현생 인류의 조상이 인어와 같이 바다에서 살았다는 재미있는 주장을 하기도 합니다. 즉, 인류의 조상이 사바나에서의 초원생활이 아니라 인어와 같이 수중생활을 했다는 것입니다. 1960년 해양 동물학자인 앨리스터 하디(Alister Hardy)가 「인류는 과거에 물 속에서 더 많이 지냈을까?(Was Man More Aquatic in the Past?)」라는 기사에서 처음 주장했습니다. 당시 이 글은 과학자들의 관심을 거의 끌지 못했지만, 1972년 TV작가인 엘레인 모건(Elaine Morgan)의 『수생유인원(The aquatic ape : A theory of human evolution)』(1982)과 같은 책들이 대중의 관심을 끌면서 '수생유인원설(AAT, aquatic ape theory)'로 널리 알려지게 됩니다. 아직까지 수생유인원설을 지지하는 증거나 과학자들이 부족하기는 하지만 분명 흥미로운 가설임에는 틀림없는 것 같습니다.

　아직 인류 진화에 대한 정답은 아무도 모르지만 가장 널리 알려진 것은 사바나가설입니다. 이 가설은 인간의 조상이 나무에서 열매를 따먹다가 들판으로 내려와 수렵생활을 하게 되었다는 것입니다. 최근 들어 이 가설에 여러 가지 문제점이 제기되면서 수생유인원설이 다시 주목받고 있습니다. 수생유인원설은 인류의 조상이 들판의 사냥꾼이 아니라 해안가에서 마치 물개나 바다사자와 같이 생활했다는 것으로 이를 뒷받침할 화석상의 증거가 없는 것이 큰 결점으로 지적됩니다. 하지만 수생유인원설의 지지자들은 생활터전이 물가인 경우 화석이 남기 어렵고 해안선의 변화가 심했기 때문에 화석을 발견하기 쉽지 않았다라고 반박합니다. 그리고 결정적이지는 않더라도 충분히 흥미를 일으킬 수 있는 재미있는 근거

들을 이야기합니다.

하디가 주장한 수생유인원설의 첫 번째 근거는 인류의 수영 능력이 어떤 포유동물보다 뛰어나다는 것입니다. 동물들은 개헤엄과 같이 본능적으로 수영을 할 수 있는 능력이 있지만, 사람은 수영을 배우지 않을 경우 물에 빠져 죽을 수도 있습니다. 언뜻 생각해 볼 때 인간은 다른 동물과 달리, 배우지 않을 경우 수영을 할 수 없기 때문에 이러한 이론이 어불성설이라고 생각할 수도 있지만 한 번 더 고민할 여지는 충분히 있습니다. 하디는 인간이 수생유인원에서 들판의 사냥꾼으로 생활방식이 바뀌면서 본능적으로 갖추고 있던 수영능력을 잃어버렸다고 주장합니다. 인간 자체가 수영실력을 전혀 타고나지 못한 것은 아니라는 것입니다. 막 태어난 아기의 경우 물에 대한 두려움이 전혀 없으며 뛰어난 수영실력을 보입니다. 하지만는 인간과 가까운 다른 유인원의 경우 이러한 능력을 가진 동물은 없다고 주장합니다. 실제 수영을 익히고 나면 돌고래와 같이 수생 포유류를 제외하고 인간만큼 뛰어난 잠수 실력과 자유로운 수중 활동력을 보이는 동물은 없으니 일견 타당성이 있어 보이기도 합니다.

두 번째 근거는 인간은 수영에 적합한 신체 구조를 가지고 있다는 것입니다. 인간은 '털이 없는 원숭이'라고 불릴 정도로 다른 영장류와 비교해 봤을 때 털이 없는 신체를 가지고 있습니다. 털이 없는 신체는 물의 저항을 적게 받기 때문에 물 속에서는 더 활동하기 좋습니다. 또한 인간의 피부는 다른 영장류와 달리 피하지방을 가지고 있습니다. 이는 열 손실이 많은 수중에서 체온 관리를 하기 위해 꼭 필요한 것입니다. 대부분의 수중 포유류들이 두꺼운 피하지방층을 가지고 있는 것이 바로 이 때문입니다. 또한 10% 정도의 사람이 손가락이나 발가락 사이의 피부가 늘어난 물갈퀴 모양을 하고 있습니다. 적혈구도 헤모글로빈이 풍부한 해양 포유류의 혈액과 닮아 있는데 헤모글로빈이 풍부해야만 산소 저장능력이 뛰어나 잠수시간을 늘일 수 있으니 수영에 적절한 신체 구조라고 할 수 있을 것입니다. 또한 인간은 잠수반사라고 하여 얼굴에 물이 닿으면 호흡과 맥박수가 떨어져 몸이 잠수에 적합하게 바뀐다고 합니다.

수생유인원설은 발표될 당시보다는 많은 지지자들이 생기고 주장에 힘을 얻고 있는 것이 사실이지만 아직까지 주류 과학으로 편입되지는 못했습니다. 하지만 이 가설이 옳다면 인어공주와 같은 인어들이 인간의 조상일지도 모릅니다. 인어공주가 물 속에서 지느러미를 잃어버리고 육지로 올라온 것이 바로 인류의 변화를 상징하는 것일지도 모릅니다. 과연 인어공주가 베일에 가려진 인류 진화의 비밀을 풀 실마리가 되는지 어디 한번 지켜봐야겠습니다.

'다리야 만들어져라 얍!' 인어공주의 변신법

인어공주는 사람이 되기 위해서 마녀를 찾아가서 거래를 합니다. 이로써 지느러미 대신 다리를 가지게 됩니다. 인어공주의 일생을 살펴 보면 15세까지 바다에 살았고 첫눈에 반한 왕자를 만나기 위해 뭍으로 올라오죠.

이러한 인어공주의 생활 방식은 어릴 때 물 속에 살다가 성체가 되면 육지로 올라오는 양서류의 생활방식과 같다고 할 수 있습니다. 흔히 볼 수 있는 양서류로는 개구리와 두꺼비가 있습니다. 개구리와 두꺼비는 올챙이일 때는 물 속 생활을 하다가 성체가 되면 육지로 올라와서 생활하게 되는데, 올챙이에서 개구리로 모습이 바뀌는 것을 보고 『개구리 왕자』와 같은 동화가 만들어졌는지도 모르겠습니다.

생각해 보면 모든 생물은 일생 동안 계속해서 모습이 조금씩 달라집니다. 인간의 경우에도 아기와 노인의 모습이 분명 다르고 그들의 외모뿐만 아니라 신체 내부에도 여러 가지 변화가 생겨납니다. 동물의 경우에도 성장과 함께 계절에 따라 털갈이를 하는 모습도 보여주죠. 이렇게 개체가 성장하는 동안 몸에서는 점진적인 변화가 나타납니다. 그런데 이와 달리 시간을 두고 조금씩 변화하는 것이 아니라 순간 몸의 모양이 크게 바뀌는 것을 변태(metamorphosis)라고 합니다.

변태는 수생생물에게 흔한 발생 방법이며, 육상동물 중에는 곤충이 변태를 합니다. 척추동물 중에서도 양서류의 경우에는 유생 때와 성체 때의 모습이 크게 달라지기 때문에 변태를 겪습니다. 곤충의 경우 변태 호르몬이 중요한 역할을 하며, 양서류의 경우에는 갑상선 호르몬이 그 역할을 합니다. 갑상선 호르몬은 올챙이의 꼬리를 사라지게 하고, 다리가 나오게 하며, 허파 호흡을 가능하게 해 줍니다. 맥락을 같이해 살펴 보면 인어공주가 마녀로부터 받은 물약이 변태 호르몬이나 갑상선 호르몬 같은 역할을 해서 인어공주의 몸을 변태시켰다고 볼 수 있습니다. 즉, 인어공주의

● 개구리와 나비의 변태

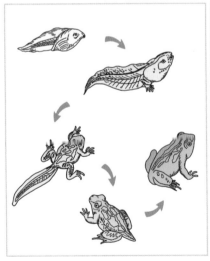

몸에 변태를 일으켜 마치 올챙이가 개구리가 되듯이 육지에서도 적응할 수 있게 해 주는 것입니다. 그렇다면 마녀가 준 물약은 구체적으로 어떤 효과를 일으켰던 것일까요?

인어공주는 머리카락과 같이 포유동물의 특징을 가지고 있기는 하지만 숨을 쉬기 위해 수면으로 올라오지 않는 것으로 봐서 아가미 호흡을 한다고 볼 수 있습니다. 따라서 육지에서는 수중 호흡기관인 아가미가 아니라 육지의 호흡기관인 폐가 필요합니다. 인어공주는 꼬리 대신 다리가 생기지만 걸을 때마다 칼로 베는 고통을 느꼈다고 합니다. 이것은 물 속 생물이 지상에서 걸어 다닐 때 물 속과 달리 부력의 도움을 받지 못하기 때문에 느끼는 어려움을 묘사한 것이 아닌가 생각됩니다. 물 속에서는 부력에 의해 중력이 상쇄되기 때문에 다리가 없어도 이동에 전혀 불편함이 없지만 육지에서는 사정이 다릅니다.

자신의 몸을 지탱해줄 튼튼한 다리가 없다면 걸어 다닐 수 없게 되는 것입니다. 실제로 물 속에 살다가 물 밖으로 나온 양서류들과 여기서 조금 더 진화한 형태인 파충류는 모두 배를 땅에 깔고 기어 다니는 정도밖에 움직이지 못합니다. 부력이 사라진 육지에서 어려움을 느끼는 것이죠. 파충류에서 파(爬)는 '배를 땅에 대고 기어 다닌다'는 의미를 가지고 있기도 합니다.

변태는 수중동물이 육상에서 적응하기 위한 일종의 변화입니다. 육상에서 나고 생활하는 인간에게 변태 호르몬을 투여한다고 변태가 나타나는 것은 아닙니다. 개구리의 경우 갑상선에서 분비되는 티록신이라고 하는 호르몬이 변태를 유발시키는데 인간의 경우 이 호르몬은 물질대사를 촉진

하는 성장과 관계된 일을 할 뿐입니다.

인어공주가 수중에서 계속 생활하기 때문에 아가미를 가졌을 것이라
고 했습니다만 아름다운 목소리를 내기 위해서는 허파에서 공기를 불어내
는 작업이 필요하기 때문에 아가미가 아니라 폐를 가졌을지도 모릅니다.

그렇다면 인어공주가 잠을 자는 동안에는 어떻게 폐로 숨을 쉴 수 있을까 하는 의문이 생깁니다. 자칫하면 잠을 자는 동안 익사하는 사고가 발생할 수 있기 때문입니다. 아마 이러한 문제는 돌고래와 같은 해양포유류들의 방법으로 해결하지 않았을까 생각이 되는데요. 돌고래는 수중에서 잠을 자야 하는 문제를 좌우반구의 뇌를 절반씩 나누어 수면을 취하는 것으로 해결합니다. 좌반구가 잠을 자고 있을 때는 우반구가 숨을 쉬고 수영 등의 활동을 함으로써 질식사를 막는 것이죠. 인어공주가 폐로 숨을 쉰다면 이러한 방식을 통해 잠을 자면서도 익사를 막았을 것입니다.

숲 속의 공주,
당신이 잠든 사이에

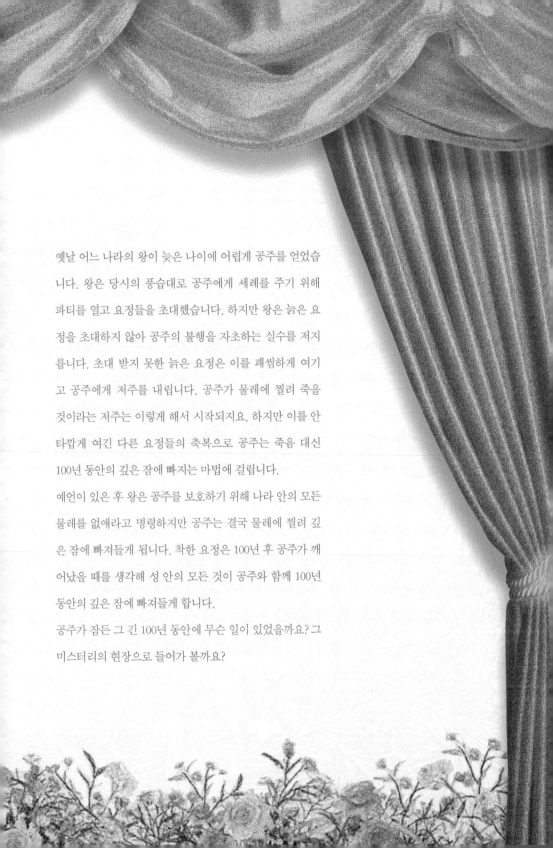

옛날 어느 나라의 왕이 늦은 나이에 어렵게 공주를 얻었습니다. 왕은 당시의 풍습대로 공주에게 세례를 주기 위해 파티를 열고 요정들을 초대했습니다. 하지만 왕은 늙은 요정을 초대하지 않아 공주의 불행을 자초하는 실수를 저지릅니다. 초대 받지 못한 늙은 요정은 이를 괘씸하게 여기고 공주에게 저주를 내립니다. 공주가 물레에 찔려 죽을 것이라는 저주는 이렇게 해서 시작되지요. 하지만 이를 안타깝게 여긴 다른 요정들의 축복으로 공주는 죽음 대신 100년 동안의 깊은 잠에 빠지는 마법에 걸립니다.

예언이 있은 후 왕은 공주를 보호하기 위해 나라 안의 모든 물레를 없애라고 명령하지만 공주는 결국 물레에 찔려 깊은 잠에 빠져들게 됩니다. 착한 요정은 100년 후 공주가 깨어났을 때를 생각해 성 안의 모든 것이 공주와 함께 100년 동안의 깊은 잠에 빠져들게 합니다.

공주가 잠든 그 긴 100년 동안에 무슨 일이 있었을까요? 그 미스터리의 현장으로 들어가 볼까요?

당신이 잠든 사이에도 생체시계는 돌아간다

왕의 노력에도 불구하고 호기심 많던 공주는 물레를 구경하다가 결국 물레에 찔리게 됩니다. 물레에 찔려 쓰러진 공주는 어떠한 자극에도 반응을 보이지 않죠. 하지만 사람들은 공주의 얼굴에 생기가 있고, 숨을 쉬고 있는 것을 이유로 공주가 죽은 것이 아니라 잠을 자고 있는 것이라고 생각합니다. 그리고 공주를 비롯한 성의 모든 사람이 100년이라는 긴 시간의 잠에 빠져들게 됩니다.

물론 세상 누구도 100년 동안 잠을 잘 수는 없습니다. 만약 100년 동안 잠을 잔다고 하더라도 자고 있는 동안 생체시계는 계속 돌아갑니다. 잠은 신체의 모든 활동이 정지한 상태가 아니기 때문에 생명을 유지할 정도의 영양소를 계속 공급해 주어야 합니다. 이러한 이론에 비추어 본다면 공주가 깊은 잠에 빠져 있을 뿐이라도 그녀는 엄연히 생로병사에 영향을 받을 수밖에 없습니다. 그렇다면 키스를 해서 공주를 깨운 왕자는 그녀의 모습에 짐짓 큰 실망을 했을지도 모릅니다. 왜냐하면 100년 동안의 잠에서 깨어난 공주는 115세의 쭈그렁 할머니가 되어 있을 터이기 때문입니다.

먹고 숨을 쉬는 것만큼 잠도 생물들에게 꼭 필요한 것입니다. 인간을 비롯하여 모든 동물이 잠을 자며, 심지어 식물도 잠을 잔다고 주장하는 사람도 있습니다. 따뜻한 볕을 쬐며 꾸벅꾸벅 조는 강아지나 고양이뿐 아니라 파리마저도 잠을 잡니다. 인간은 인생의 3분의 1을 잠으로 보내는데, 75세를 기준으로 하면 25년에 해당하는 아주 긴 기간입니다. 물론 인생의 5분의 4를 잠으로 보내는 나무늘보에 비하면 많은 것은 아니라고 할 수도 있지만 말이죠. 나무늘보는 하루에 20시간을 잠을 자는데, 그것도 나무에 매달려 잡니다.

잠에 대해 아무것도 몰랐던 옛날에는 잠과 죽음을 연관지어 생각하는 경향이 있었습니다. 동화에서도 죽음의 저주를 약하게 한 것을 100년의 잠으로 표현했듯이 '죽음은 영원한 잠'

■ 나무늘보는 일생의 4/5를 잠을 자면서 보낸다고 합니다.

'잠은 짧은 죽음'으로 인식되는 경우가 많았습니다. 이러한 인식의 근원은 그리스신화에서 찾을 수 있습니다. 그리스신화에 나오는 밤의 여신 닉스에게는 쌍둥이 아들이 있었는데, 잠의 신인 히프노스와 죽음의 신인 타나토스였습니다. 옛날 사람들이 잠을 죽음과 연관지어 생각한 것은 잠을 자는 동안에는 의식이 사라져 마치 잠이 죽음을 연습하는 과정과 비슷해 보였기 때문입니다. 하지만 잠을 자는 동안에도 의식은 있으며, 잠은 죽음과 아무런 상관이 없습니다. 오히려 잠은 생물의 생존을 위해 진화의 과정에서 생겨난 것으로, 이를 박탈하면 마치 음식을 먹지 못했을 때와 같이 죽음을 맞이하게 됩니다. 전쟁 기간 중 잠을 재우지 않는 방법을 통해 어렵지 않게 포로들을 세뇌시킬 수 있었던 것에서 역설적으로 인간의 욕구 중에 잠이라는 것이 중요하다는 것을 확인할 수 있습니다.

왜 잠을 자야할까?

그렇다면 사람과 동물, 각종 생명체들은 왜 잠을 자야하는 걸까요?

안타깝게도 왜 잠을 자야하는지에 대한 이유는 아직 정확하게 밝혀지지 않았습니다. 다만 잠의 필요성에 대한 몇 가지 이론이 나와 있습니다. 낮 동안의 활동으로 인해 피로가 쌓인 몸을 자연치유하기 위해 잔다거나, 낮 동안 얻은 새로운 정보를 체계화시켜 뇌에 기억시키는 작업을 하기 위해 잠이 필요하다는 것입니다. 또한 잠은 쓸데없는 에너지 소비를 줄여 주기 때문에 먹이가 부족할 때 동물의 생존을 유지하기 위해 생겨났다는 주장도 있습니다. 어떤 이론이 옳든 간에 한 가지 분명한 것은 잠은 동물의 생존에 꼭 필요하다는 사실입니다.

잠이 인간에게 꼭 필요한 것이라는 데는 누구나 동의하지만 언제부터인가 잠을 적게 자는 것이 미덕인 사회가 되어 많은 사람들의 건강을 해치고 있습니다. 고등학교 3학년 학생들이 흔히 듣는 '사당오락(4시간 자면 합격하고, 5시간 자면 떨어진다)'이라거나, '아침형 인간' 등의 이야기는 잠을 줄여 인생을 길게 살 것을 강요하고 있습니다. 한때 방송에서 학생들의 등교시간을 늦추어 충분한 수면시간을 확보하자는 캠페인을 벌였지만 그 당시에만 효과가 있었을 뿐 애석하게도 방송이 끝나자 모든 것이 원상태로 돌아가 버렸습니다.

잠을 적게 자고도 몸에 아무런 이상이 생기지 않는다면 잠을 줄여 인생을 길게 사는 것도 좋을 것입니다. 하지만 잠을 줄임으로 인해서 두통이나 근육경련이 오고 판단력이 흐려져 업무 능률이 떨어지면 기껏 밤잠을 줄여 얻은 시간을 낭비하는 비효율이 야기되겠죠. 뿐만 아니라 수면부족이 장기화 되면 만성피로증후군에 시달리게 되고 결국 질병으로 발전하거나 드라마에서와 같이 졸음운전으로 큰 낭패를 볼 수도 있을 것입니다. 이외에도 최악의 경우의 수는 많이 남아 있습니다. 구소련의 체르노빌 사고나 미국의 스리마일 섬 사고, 인도의 보팔 대참사와 같은 큰 사건들도 잠과 관련된 사고들입니다. 이 사고들은 모두 새벽에 운전자들의 피로가 최대일 때 발생했습니다. 잠 연구의 권위자인 캐나다 브리티시 컬럼비아대학교의 스탠리 코렌 교수는 "옛 소련 체르노빌 원전사고, 미국 스리마일 섬 방사능 유출사고, 미국 우주왕복선 챌리저 호 사고 등이 잠을 조금밖에 못 잔 사람들이 실수를 하는 바람에 벌어졌다."고 주장했습니다.

이외에도 직간접적으로 수면부족이나 수면장애에 영향을 받은 굵직굵직한 대형 사고들이 많습니다. 지금 당장 목숨과 연관되지 않기 때문에 잠을 줄이자는 생각은 이제 버리는 것이 좋습니다. 자신의 목숨뿐 아니라 남의 목숨까지 위태롭게 하는 것이 바로 수면부족으로 인한 피로이기 때문입니다.

밝혀지지 않은 수면의 비법

『잠자는 숲 속의 공주』를 보며 '미인은 잠꾸러기' 라는 광고 카피를 생각하는 사람들이 많을 것입니다. 물론 잠만 많이 잔다고 해서 미인이 되는 것은 아니겠지만 과학적으로 보면 그다지 틀린 말은 아닌 듯합니다. 잠꾸러기가 미인이 되기 위한 충분조건은 아니지만 필요조건은 되기 때문입니다. 일반적으로 우리 몸은 충분히 잠을 자지 못하면 피부 트러블을 일으키고 면역체계에 문제가 생겨 쉽게 질병에 걸리게 됩니다. 또한 깊은 잠에 빠졌을 때 성장 호르몬이 주로 분비되기 때문에 성장기 때 잠을 적게 자면 키가 잘 크지 않는 부작용까지 낳게 됩니다. 더 안 좋은 것은 수면이 부족하면 노화가 촉진되고, 비만이 될 가능성이 높아진다는 것입니다. 따라서 충분한 수면은 건강과 미용을 위해 필수라고 할 수 있습니다.

그렇다면 적당한 수면시간은 몇 시간일까요? 적당량의 수면시간은 사람마다 다르지만 대체로 7~9시간 정도면 충분합니다. 하지만 현대인이 충분한 수면시간과 숙면을 보장받는다는 것은 쉽지 않죠. 여러 가지 요인에 의해 불면증에 시달리는 사람이 늘어나고 있는데 2005년 통계에 따르면 성인의 30~40% 정도가 한 해에 한 번 이상 불면증을 경험하며, 그 중에서 10~15% 정도는 한 달 이상 지속되는 만성불면증에 시달린다고 합니다. 흔히 하룻밤에서 몇 주 사이로 지속되는 불면증은 일시적인 불면증이라고 얘기하고, 한 달 이상 매주 적어도 3일 이상 잠을 제대로 못 자는 경우는 만성불면증이라고 합니다.

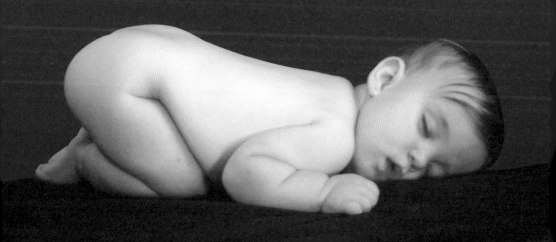

불면증 환자에게 동화 속에서와 같이 잠을 쉽게 잘 수 있는 요정의 마법이 있다면 매우 유용할 것입니다. 현실에서 숙면을 통해 건강을 유지하기 위해서 가장 필요한 것은 바로 멜라토닌(melatonin)이라는 호르몬입니다. 멜라토닌은 뇌의 송과선에서 분비되는 호르몬으로 수면에 영향을 주는 것으로 알려져 있는데 밤이 되면 혈중 멜라토닌 수치가 높아지고, 아침이 되면 수치가 낮아진다고 합니다. 이와 같이 멜라토닌과 수면의 연관성이 알려지면서 마치 멜라토닌이 천연 수면 유도제인 것처럼, 이를 통해서 건강을 위한 숙면을 취할 수 있는 듯이 소개되기 시작했습니다. 이 같은 멜라토닌에 대한 과장된 믿음으로 미국에서는 많은 사람들이 건강 보조 식품점에서 멜라토닌을 찾고 있습니다. 하지만 연구방법에 따라 멜라토닌의 효능이 달리 나타나고, 어떤 연구에서는 멜라토닌을 복용해도 수면유발 효과를 얻지 못한데다 아직 멜라토닌에 대한 안정성이 검증되지 않았기 때문에 멜라토닌을 복용하는 것이 과연 옳은지는 알 수 없습니다.

잠을 잊은 그대에게 필요한 것

잠을 충분히 자는 것이 중요하기는 하지만 때로는 밤샘 작업이나 공부를 해야 할 경우도 많습니다. 피곤한 상태에서 운전을 해야 하는 경우도 생깁니다. 이와 같이 '잠을 잊은 그대'에게 정신을 맑게 해주는 방법으로 가장 필요한 것은 바로 한잔의 진한 커피일 것입니다. 커피는 뛰어난 각성 효과를 가진 카페인이 함유되어 밤샘 작업을 하는 사람들의 친구로 널리 사랑을 받아왔습니다.

　세포가 오랜 시간 활동하면 우리 몸은 뇌에 아데노신(adenosine)이라는 신경세포 활동 억제 물질이 쌓여 신경세포의 활동이 억제되고 잠이 쏟아지게 됩니다. 카페인은 아데노신 대신에 신경세포에 결합함으로써 아데노신의 활동을 방해해 각성효과를 나타냅니다. 이 때문에 카페인이 들어 있는 커피를 마시고 나면 잠시 동안 졸음을 쫓을 수 있습니다. 150ml의 커피 한 잔에 60~90mg의 카페인이 들어 있다고 합니다. 정제해 내면 소금 한 알 정도 되는 셈이죠. 일반적으로 카페인은 커피에만 들어 있는 것으로 알려져 있지만 잘 살펴보면 카페인은 주변에서 가장 흔하게 얻을 수 있는 정신 흥분제입니다. 카페인은 각종 차나 탄산음료에도 들어 있습니다. 이 중 커피를 통해 가장 많은 카페인이 공급이 되기 때문에 커피가 가장 큰 각성효과를 일으키는 것으로 알려져 있습니다. 1980년대 이후 건강에 관심이 높아지고 카페인 중독에 따른 부작용으로 불면증과 심장부정맥을 유발할 수 있고, 과다 복용시 공황발작을 일으킬 수 있다는 사실이 알려지자, 카페인을 제거한 디카페인 커피가 등장했습니다. 재미있는 것은 커피에서 제거한 카페인을 콜라에 첨가하는데, 한때 카페인을 제거한 콜라를 시판했지만 커피와는 달리 재미를 보지 못했다는 것입니다.

다시 동화 이야기로 돌아가 볼까요. 공주는 왕자가 다가와서 키스를 하자 오랜 잠에서 깨어나게 됩니다. 100년 동안의 깊은 잠에 빠져 있던 공주가 겨우 키스 한 번에 깨어났다는 것이 억지처럼 느껴지기도 하죠. 하지만 이것은 공주가 얼마나 왕자를 목매어 기다렸는지 알 수 있는 대목이기도 합니다. 사람은 주변에서 일상적으로 들리는 소음에 대해서는 신경을 쓰지 않고 잠을 잘 수 있습니다. 하지만 전화 소리나 자명종 소리 또는 자신을 부르는 소리에는 아무리 소리가 작다고 하더라도 잠에서 쉽게 깨어나게 됩니다. 이러한 상황은 군에 갔다 온 사람이라면 쉽게 이해할 것입니다. 야간근무 교대시간이 다가오면 자신을 깨우러 오는 고참의 발자국 소리는 천둥소리만큼 크게 들리죠. 이와 같이 공주는 왕자를 너무나 목매어 기다렸기 때문에 그의 키스 한 번에 깨어난 것이라고 생각할 수 있습니다.

'내 맘대로 꿈꾸기가 가능하다' 신비한 자각몽의 세계

아침에 일어났을 때 아무것도 기억하지 못한다고 해도 사람들은 매일 잠을 잘 때 꿈을 꿉니다. 꿈을 꾸지 않았다고 생각하는 것은 단지 꿈이 기억나지 않는 것일 뿐입니다.

잠은 렘수면(REM)과 비렘수면(Non-REM)이라는 두 가지 형태의 잠이 주기적으로 반복되는데 대부분의 사람들은 렘수면 단계에서 꿈을 꾸게 됩니다. 렘수면은 비렘수면과 달리 격렬한 안구 운동을 하기 때문에 쉽게 구분할 수 있습니다. 옆에서 잠을 자고 있는 동생이 감은 눈동자를 활발하게 움직이고 있다면, 동생은 잠자는 척하는 것이 아니라 진짜로 잠들어 있는 렘수면 상태에 있는 것입니다. 만약 이때 재미삼아 잠을 깨우면(물론 매우 짜증을 내겠지만) 동생은 어떤 꿈을 꾸었는지 기억해 낼 것입니다. 대부분의 꿈은 렘수면 단계에서 이루어지지만 간혹 비렘수면에서도 꿈을 꾸는 경우도 있습니다.

달콤한 꿈이라면 깨고 난 뒤 기분이 좋겠지만 일반적으로 꿈은 괴물이 등장하거나 절벽에서 떨어지거나 쫓기는 등의 악몽이 많습니다. 이와 달리 숲 속의 공주와 사랑에 빠지는 것과 같이 기분 좋은 꿈은 자각몽(自覺夢, lucid dreaming)이 많습니다. 자각몽은 놀랍게도 꿈꾸는 사람이 꿈속에서 자신이 꿈을 꾸고 있다는 사실을 자각할 수 있는 꿈을 말합니다. 쉽게 말하면 꿈속에서 이건 꿈이란 것을 알아채고 그 속에서 행동을 마음대로 할 수 있으며 외부에 자신이 지금 꿈을 꾸고 있다는 신호를 보낼 수도 있는, 꿈과 현실이 연결되어 있는 듯한 묘한 꿈이 바로 자각몽인 것입니다.

학계에서 이러한 자각몽이 있다는 사실은 잘 받아들여지지 않았으나, 1975년 영국의 키드 헌(Keith Hearne)과 미국의 스티븐 라베르지(Stephen LaBerge)가 '사람들이 자각몽을 꾼다'는 사실을 증명함으로써 자각몽을 인정하게 되었습니다. 그들은 실험 참가자에게 자각몽을 꾸면 약속한 방향과 횟수로 눈을 움직일 것을 지시하고 실험을 시작했습니다. 이렇게 눈동자로 약속을 한 것은 아무리 자각몽이라고 하더라도 눈을 제외한 다른 근육은 움직일 수 없기 때문입니다. 따라서 유일하게 꿈속에서도 움직일 수 있는 근육인 눈동자를 통해 외부에 자신이 꿈을 꾸고 있다는 사실을 알릴 수 있었던 것이죠. 실험 참가자는 자각몽을 꾸자 자신이 지금 꿈을 꾸고 있다는 것을 눈동자를 통해 외부 관찰자에게 알려 왔습니다.

자각몽은 자신이 조종할 수 있는 꿈이기 때문에 대체로 유쾌한 꿈이 많습니다. 자신의 꿈을 조종할 수 있는데 악몽을 꾸기를 희망하는 사람은 많지 않겠죠. 이러한 자각몽은 심리치료에 응용할 수도 있고 일상생활에서 재미있게 활용할 수도 있습니다. 자각몽을 꾸고 싶으면 자기 전 자신에게 자각몽이 있다는 사실을 강하게 암시하고 잠을 청하면 됩니다. 물론 이러한 훈련을 몇 번 거치면서, 꿈속에서 자기가 꿈을 꾸고 있다는 것을 의식하려고 노력을 해야 합니다.

자각몽은 자신에 대한 인지수준이 어느 정도 갖추어진 청소년기부터 꿀 수 있습니다. 어린아이는 꿈속에서 자신을 인식할 수 있는 능력이 없기 때문에 자각몽을 꿀 수 없습니다. 자각몽을 꾸는 능력은 개인에 따라 차이가 나며, 명상가들과 같은 일부의 사람들이 많이 꾼다고 합니다. 또 한 가지 재미있는 사실은 자각몽의 상당부분이 성과 관련된다는 것입니다. 꿈속에서의 일은 누구도 책임을 묻지 않기 때문에 평소에는 금기시 되던 것을 자각몽을 통해 경험해 보는 것입니다.

100년 동안 잠자는 비결 하나, 동면(冬眠)

100년 동안 잠을 잘 수 없다는 것은 누구나 알죠. 하지만 이렇게 길게 잠들 수는 없다고 하더라도 동물들 중에는 몇 개월을 잠으로 견디는 동물이 있습니다. 개구리나 다람쥐와 같은 동면을 하는 동물들을 이야기하는

데요. 100년을 잠들지는 못해도 몇 개월을 잠으로 보낼 수 있다니, 과학적인 방법을 동원하면 100년의 동면도 가능하지 않을까 하는 생각이 들기도 합니다. 그렇다면 어떤 방법들로 100년의 잠을 성공시킬 수 있을지 한번 알아볼까요?

일반적으로 동물들이 오랜 시간 동안 잠을 잘 수 있는 것은 체온을 낮추어 최소한의 대사량으로 생명을 유지할 수 있기 때문입니다. 동면시 동물들은 최소한의 에너지 양만 가지고도 생명유지가 가능합니다. 겉으로 보기에는 비슷한 잠과 동면의 차이점은 바로 '체온이나 기초대사율이 얼마까지 떨어지는가?' 입니다. 동물은 동면시 기초 대사량의 1/50 정도로도 생명유지가 가능하다고 합니다.

일반적으로 사람들은 온대나 냉대지방에 사는 동물들이 추위를 이기기 위해 동면에 들어간다고 알고 있지만 열대지방에도 동면에 들어가는 동물이 있습니다. 그것도 개구리와 같은 양서류가 아니라 고슴도치와 비슷하게 생긴 마다가스카르의 텐렉(Tenrec ecaudatus)이라는 녀석입니다. 텐렉은 마다가스카르에만 살고 있으며, 포유동물 중에서 가장 많은 새끼를 낳는 종으로도 유명합니다(한 번에

■ 마다가스카르의 텐렉은 열대 동물로 드물게 하면(夏眠)에 들어갑니다.

12~20마리를 낳습니다). 마다가스카르 고유종이기 때문에 애니메이션 〈마다가스카〉에 등장하는 영광(?)을 누리기도 합니다. 여하튼 텐렉은 비가 오지 않은 혹독한 건기를 이겨내기 위해 잠을 선택하는 것처럼 보입니다. 텐렉처럼 여름에 긴 잠을 자는 것을 하면(夏眠)이라고 부르기도 합니

뚱땡이 공주의 100년 동안 잠자기 프로젝트

개배경학 있는 과학

다. 이외에도 여름잠을 자는 유명한 동물로 폐어(肺魚)가 있는데, 이 녀석은 건기를 이겨내기 위해 진흙 속에 굴을 파고 들어가 숨습니다.

일반적으로 동면을 하는 동물들은 동면을 시작했다고 겨울 내내 깨지 않고 자는 것이 아니라 중간에 일어나 대소변을 해결하거나 먹이를 먹기도 합니다. 다만 고슴도치는 아주 깊은 동면을 하기 때문에 일단 잠에 빠져들면 거의 깨는 일이 없다고 합니다. 동면을 하는 동물은 대부분 양서류나 포유류인데 조류 중에서는 유일하게 푸어윌쏙독새(Phalaenoptilus nuttalli)가 동면을 하는 것으로 알려져 있습니다.

벌새의 경우 기초대사량이 매우 높은 동물이기 때문에 하루의 대부분을 먹이를 구하며 보냅니다. 기초대사량이 높아 많이 먹어야 하는데다 체구가 작아서 체내에 양분을 저장할 능력이 별로 없는 벌새는 하루만 아무 것도 먹지 않으면 굶어 죽을 수도 있습니다. 이러한 문제를 벌새는 휴면(torpor), 즉 잠보다는 동면과 유사한 방법으로 체온을 급격하게 떨어트려 기초대사량을 줄이는 방법으로 해결합니다. 낮에는 기온도 높고 먹이도 풍부해서 에너지를 얻는 데 별 문제가 없지만 밤이 되면 기온도 떨어지고 먹이를 구하기도 어려워지므로 벌새는 휴면을 통해 밤을 견뎌 냅니다. 이렇게 휴면을 취하는 동물로는 박쥐나 제비, 뒤쥐가 있습니다.

영화에서는 종종 인간이 인공동면에 돌입하는 장면이 등장하기도 하지만 일반적으로 인간은 동면을 할 수 없는 것으로 알려져 있습니다. 반면 동면에 대한 연구는 많이 이루어지고 있는데, 동면이 머나먼 미래에 우주여행을 할 때 꼭 필요한 것이기 때문입니다. 더불어 동면을 하게 되면 악성 종양의 활동이 억제되기 때문에 암 치료나 외과수술시에 효과적으로 활용할 수 있으리라는 기대도 있습니다. 2005년 3월 미국 시애틀의 워싱턴대학과 프레드 허친슨 암연구센터 연구팀에서는 황화수소(H_2S)를 이용해 쥐를 인공동면에 들어가게 했다가 깨어나게 하는 데 성공했습니다. 연구팀의 로스 박사는 황화수소가스가 80ppm 섞인 방에 쥐들을 넣어 몇 분 안에 쥐들이 움직임을 멈추고 무의식 상태에 빠져드는 것을 관찰했습니다. 체온이 36.7℃에서 15℃로, 호흡은 1분에 120회에서 10회로 뚝 떨어졌고, 대사율은 90%가 감소했습니다. 놀랍게도 6시간 후 산소를 공급하자 쥐들은 다시 깨어나 정상적인 활동을 시작했다고 합니다. 아직 이러한 실험 결과를 사람에게 적용할 수는 없지만 머지않은 시기의 사람에게도 적용할 수 있는 가능성은 남아 있습니다.

한편에서는 동면이 수명 연장의 꿈을 실현시킬 수 있다고 주장합니다. 동면을 하는 무늬다람쥐의 수명은 비슷한 크기의 설치류인 생쥐보다 무려 4~5배나 깁니다. 또한 예쁜꼬마선충의 경우에는 먹이가 부족하면 동면 상태로 들어가 원래 수명보다 몇 배나 오래 생존할 수 있습니다. 러시아의 생화학 물리연구소에 따르면 사람의 경우에도 체온을 2℃ 낮추면 대사율이 줄어들어 120~150세까지 살 수 있을지도 모른다고 합니다. 이렇게 보면 공주가 동면에 들어가 오랜 세월 왕자를 기다린다는 설정이 황당한 것만은 아니군요.

아직까지 사람에게 적용할 수 있는 인공동면 기술은 아직 없지만, 이를 응용한 부분동면 기술은 있습니다. 저체온 수술법이라는 것으로 동면시에 대사량이 급격하게 줄어드는 것을 응용한 것입니다. 사람도 체온을 낮추면 심장박동이 느려지는데, 30℃ 이하로 낮추면 심장박동이 정지하게 되며, 20℃에서는 산소가 거의 필요 없게 됩니다. 이렇게 되면 몸은 살아 있지만 혈액의 흐름이 없기 때문에 수술을 하더라도 출혈이 없는 수술이 가능해지죠. 그렇다고 무한정 혈액의 흐름을 정지시켜 놓을 수는 없습니다. 세포가 살아가기 위해서는 산소와 영양분이 필요하기 때문인데요. 현재 저체온 수술법으로는 인간을 인공동면시키는 것은 1시간 정도 가능하다고 합니다.

100년 동안 잠자는 비결 둘, 냉동인간

아직까지 인공동면법이 개발되지는 않았지만 동면이 인간의 수명을 연장시킬 수 있는 것만은 분명해 보입니다. 그렇다고 100년 동안 전혀 변함없이 아름다운 공주의 모습을 그대로 간직하게 하기는 어렵겠죠. 그렇다면 젊음을 유지하면서 공주를 100년 동안 잠에 빠뜨렸던 마법의 비밀은 무엇일까요?

모든 것이 정지되었다가 다시 생명을 얻은 공주는 냉동인간이었을지도 모릅니다. 공주가 살고 있는 마법의 세계에서는 마법이면 모든 것이 해결되니 현대 과학이 아직까지 해결하지 못한 냉동인간에 관한 여러 가지 문제도 거뜬히 해결했을지도 모를 일이죠.

냉동인간에 관한 아이디어는 동화 속 판타지에서뿐만 아니라 영화나 드라마에서도 많이 등장합니다. 영화 〈청옥불〉의 포교 방수정(원표 분)은 죄수와 설산에서 결투를 벌이던 중 300년 이상 얼음 속에 갇혀 잠들어 있다가 현대에 다시 깨어나고 〈데몰리션 맨〉에서 스파르탄(실베스타 스텔론 분) 형사도 1996년에서 2032년까지 냉동감옥에서 꽁꽁 얼어붙은 채로 있다가 깨어납니다. 스파르탄 형사가 순식간에 꽁꽁 얼어버리는 장면은 매우 인상적이었죠. 〈스타워즈: 돌아온 제다이〉에서는 탄소냉동법이라는 사람을 마치 화석과 같이 만들어 버리는 기술이 등장합니다. 하지만 애석하게도 현실에서는 아직 단 한 명의 냉동인간도 깨어난 적이 없습니다.

냉동인간이나 인공동면 모두 저온생물학(cryobiology)의 연구분야입니다. 냉동인간은 인공동면과 달리 생명체를 얼려서 생명활동을 완전히 정지시켜 버리는 기술입니다. 따라서 냉동인간은 냉동캡슐이 불의의 사고로 고장 나지만 않는다면 얼마든지 오랜 시간 동안 보관될 수 있습니다. 냉동인간과 인공동면의 차이점은 냉동인간은 죽은 직후 바로 얼려서 보관하기 때문에 소생을 기다리는 사람들이고, 인공동면은 살아 있는 사람을 동면시킨 것이기 때문에 깨어나길 기다리는 사람들이라는 것입니다. 냉동인간의 대부분은 현재의 기술로 치료하지 못하는 질병을 앓다가 죽음을 맞이한 사람들인 데 반해, 인공동면에 들어간 사람들은 동면 당시의 기술로 치료 가능한 몸의 병을 치료하기 위해 잠을 선택한 사람들입니다.

인공동면이 가까운 장래에 실현될 가능성이 있는 것과 달리 냉동인간은 이제 겨우 냉동 정자나 난자를 보관하는 정도의 기술수준밖에 도달하지 못했습니다. 냉동인간에 대해 회의적인 시각을 가진 과학자들도 많고 냉동인간은 결코 살아나지 못할 것이라고 주장하는 과학자도 많아 의견이

🔔100년 약속의 숙면냉장고 출시

분분하지만 여하튼 현재 전 세계에는 냉동인간이 되어 깨어날 날만을 기다리는 사람(혹은 시체)이 100여 명 정도 있다고 합니다.

그렇다면 냉동인간은 어떻게 만들어실까요? 냉동인간은 인간이 죽기

를 기다렸다가 바로 혈액을 빼낸 뒤 글리세롤이나 알코올이 주성분인 동
해방지제, 즉 부동액으로 채웁니다. 혈액을 부동액으로 바꾸지 않으면 냉
동과정에서 얼음 결정에 의해 세포가 파괴될 수 있기 때문에 이 과정은 필
수라고 할 수 있습니다. 이렇게 처리된 사체는 영하 196℃로 얼려서 냉동
컨테이너에 보관됩니다. 이렇게 보관하고 있다가 죽은 원인을 치료할 수
있는 기술이 개발되면 다시 살려냅니다.

냉동인간의 가능성을 주장하는 과학자들은 이러한 기술로 대부분의
장기를 살려낼 수 있다고 주장합니다. 하지만 정작 중요한 문제는 바로
'뇌를 어떻게 살려내느냐?' 하는 것입니다. 뇌는 다른 장기와 달리 단순히
살려내는 데 의미가 있는 것이 아니라 그 사람이 살아 있을 때의 기억을
재생시킬 수 있어야 하는데, 이것은 대단히 어려운 일이기 때문입니다. 사
실 뇌를 죽기 직전의 상태로 살려내지 못한다면 냉동인간의 소생은 아무
런 의미를 가지지 못하죠. 내가 더 이상 내가 아니기 때문에 그것은 다시
살아난 것이라고 보기 어려울 수도 있습니다. 반면 나에 대한 모든 정보가
뇌에 들어 있기 때문에 전신이 아니라 머리만 냉동인간으로 만드는 사람
도 있습니다. 머리만 보관하는 것이 가격이 저렴하기 때문이기도 하지만
어차피 늙고 병든 몸은 필요 없기 때문이기도 합니다.

냉동인간은 아직 해결해야 할 많은 문제점이 있기 때문에 많은 과학
자들이 냉동인간의 소생에 대해 회의적인 입장을 보이고 있습니다. 하지
만 냉동저장술을 믿는 사람들은 나노기술로 뇌를 다시 살려낼 수 있을 것
이라고 주장하기도 합니다. 즉, 미세한 로봇 치료사들이 뇌에서 손상된 신
경세포를 일일이 치료해서 원상복구를 시킨다는 것입니다. 실제 알코르

생명연장재단(www.alcor.org)은 냉동인간을 보관하는 대표적인 회사인데, 이곳에는 인체 냉동저장술을 믿고 막대한 비용을 지불한 고객 100여명 가량이 냉동인간으로 보존되어 있다고 합니다. 생명연장재단은 냉동인간을 '잠재적으로 살아 있는 사람'이라고 부르며 언젠가 다시 살아날 것이라고 믿고 있습니다. 우리의 눈에는 살아날 가능성이 거의 0%에 가까운 (물론 0은 아닙니다) 확률을 믿고 거액을 투자하는 것이 그렇게 현명해 보이지는 않죠. 이들의 모습을 보면서 현대판 미라를 떠올리는 것이 무리한 상상일까요?『잠자는 숲 속의 공주』는 냉동인간이 먼 미래에 깨어나게 될 때 발생할 수 있는 문제를 미리 내다 봤다는 점에서 놀라운 SF소설인지도 모르겠습니다.

100년 동안 잠자는 비결 셋, 시간 지연

이 동화를 자세히 살펴보면 단순히 100년 동안 잠들어 있는 것이 아니라 공주를 포함한 성 전체가 시간의 흐름으로부터 격리되었다는 생각을 하게 됩니다. 즉, 공주가 잠들어 있는 성은 시간이 멈춰버린 것입니다. 공주가 살고 있는 성의 시간이 100년 동안 흐르지 않았다면 공주는 마치 100년 동안 잠이 든 것과 같은 효과를 얻게 될 것입니다.

아인슈타인이 발표한 일반상대성 이론에 의하면 빠르게 움직이는 물체에는 시간이 천천히 흐르게 되는 시간 지연효과가 나타났다고 합니다. 물론 시간 지연효과를 확인하기 위해서는 총알 정도의 속도가 아니라 빛

● 알코르생명연장재단의 냉동저장 진행과정

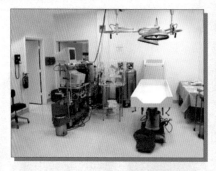 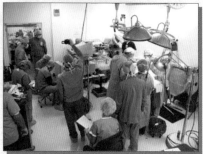

❶ 알코르생명연장재단은 미국 애리조나 주에 있으며, 사진과 같은 수술실에서 냉동저장 과정을 수행합니다.

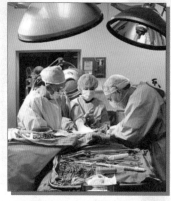 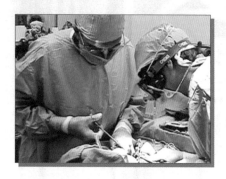

❷ 냉동저장 과정은 피를 부동액으로 바꾸는 과정을 통해 진행됩니다. 의료진은 뇌에 손상을 주지 않는다는 15℃ 이하에서 인체의 혈액을 뽑아냅니다.

 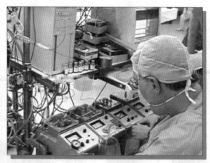

❸ 혈액을 뽑아내는 과정은 기계를 통해 진행되는데 관류(灌流)기계는 얼음결정이 생기지 않는 부동액을 펌프를 통해 혈관에 넣게 됩니다.

④ 의료진들은 인체의 부동액을 뽑아내 결정이 생겨 인체 조직을 파괴하지 않는가를 확인합니다. 부동액의 상태는 전기 장치로 관리됩니다.

⑤ 부동액이 채워진 인체는 수술실에서, 개별적으로 영하 130℃ 이하의 액화질소로 채워진 알루미늄 컨테이너로 이동 됩니다.

⑥ 인체보관 컨테이너는 영하 196℃에서 보관되며 현재 알코르생명연장재단은 100여 개의 냉동상태의 인체를 보관하 고 있다고 밝혔습니다.

의 속도에 가깝게 빠르게 움직이는 물체가 있어야 합니다. 따라서 일상생활에서는 시간 지연효과를 확인하기는 어렵다고 할 수 있죠. 시간 지연효과는 우주에서 날아오는 우주선(Cosmic ray, 宇宙線)에서 그 효과가 확실히 드러납니다. 우주에서 수많은 입자가 지구를 향해 날아오는데, 이들 입자는 지구 대기에 부딪혀 새로운 우주선을 만들게 됩니다. 이들 입자들 중 뮤온[muon, 1936년 C. 앤더슨이 우주선 속에서 발견한 것으로 한때 μ중간자라고도 했습니다. π중간자 및 K중간자가 붕괴할 때 생기는 불안정한 입자로서, 수명이 약 200만 분의 1초이며, 전자(또는 양전자)와 중성미자(中性微子)로 붕괴됩니다.]과 같은 것은 수명이 너무 짧아 계산상 지상에 도달할 가능성이 별로 없습니다. 하지만 뮤온은 자신의 수명을 넘어선 초인적인(?) 능력으로 지상에 도달하게 됩니다. 이러한 능력의 비밀이 바로 시간 지연효과에 있습니다. 즉, 뮤온은 빠르게 움직임으로써 시간 지연효과에 의해 더 먼 거리를 이동할 수 있게 되는 것이죠.

빠르게 움직이는 물체에 발생하는 이러한 시간 지연효과는 재미있는 현상을 만들어 냅니다. 일정한 속도로 움직이는 좌표계 내의 시간은 외부의 좌표계에서 관찰하면 시간이 느리게 가는 것을 발견할 수 있습니다. 특수상대성 이론에 입각한 이야기는 이렇습니다. 같은 날 같은 시간에 태어난 쌍둥이가 있다고 하죠. 어느 날 쌍둥이에게 우주여행의 기회가 왔지만 우주선에는 한 좌석밖에 남아 있지 않았습니다. 장유유서의 정신을 받들어 형이 우주선을 타기로 결정을 합니다. 형은 광속에 가까운 속도로 우주여행을 떠났고 동생은 지구에 남아 있습니다. 두 사람은 쌍둥이지만 형이 우주여행을 갔다 오게 되면 형은 겨우 몇 살밖에 더 먹지 않지만 지구에 남아 있던 동생은 노인이 되어 있습니다. 다시 말해 쌍둥이 중 동생이 정지자(靜止子)로 지구에 남고, 형이 운동자(運動子)로 광속에 가까운 속도로 우주를 여행하고 돌아오면, 여행을 끝낸 운동자 쪽이 정지자보다 젊어지는 상태를 경험하는 것입니다. 물론 포인트는 형이 광속에 가까운 속도로 우주여행을 했다는 가정이 성립됐을 때 이야기입니다.

이를 쌍둥이 패러독스(Twin Paradox)라고 하는데, 형의 입장에서 보면 우주선은 그를 미래로 데려다 주는 타임머신의 역할을 했다고 할 수도 있을 것입니다. 왜냐하면 자신이 살던 세상의 모든 것이 수십 년 이상 흘러갔는데 자신만 몇 살밖에 더 먹지 않았기 때문입니다.

잠자는 공주의 경우에도 잠에서 깨어 보면 세상의 모든 것이 100년이 흘러가 버린 미래의 세계에 온 것입니다. 놀라운 것은 이 동화에서 미래에 깨어날 공주를 위해 성의 모든 것을 같이 잠들도록 한다는 것입니다. 냉동인간이건 시간 지연효과에 의한 방법이건 공주는 100년 후의 세상에 적응해야 합니다. 1905년도의 사람이 오늘날에 쉽게 적응할 수 있을까요? 물론 적응할 수는 있겠지만 달라진 세상에서 새로운 삶을 꾸린다는 것이 그리 녹록하지는 않을 것입니다. 다행히 요정의 친절한 배려로 자신뿐 아니라 성의 모든 것이 자신이 살던 그대로 남아 있게 된다면 공주는 부적응 따위의 문제를 겪지는 않을 것입니다.

회오리바람과 함께
마법의 세계로

『오즈의 마법사』에서 도로시와 강아지 토토는 갑자기 불어 닥친 토네이도에 의해 자신들이 살고 있던 삼촌의 집과 함께 마법의 세계인 오즈로 날아가게 됩니다. 오즈의 나라에 온 도로시는 고향 캔자스로 돌아가기 위해 '오즈의 마법사'를 찾아가게 됩니다. 오즈에서 가장 똑똑한 이가 바로 에메랄드 시에 살고 있는 오즈의 마법사였기 때문이죠. 도로시와 토토는 오즈의 마법사를 찾아가는 길에 똑똑해지기를 원하는 허수아비, 심장을 원하는 양철 나무꾼 그리고 용기를 원하는 겁쟁이 사자를 만나게 됩니다. 그들과 함께 모험을 시작하죠.

이 동화는 단순히 아이들을 위한 이야기인 것 같지만 내용을 천천히 읽다 보면 평소에는 고민하지 않았던 어려운 문제들이 드러나는 것을 경험하게 됩니다. 더 똑똑해지기 위해 뇌에 이식편을 넣는 것이 옳은가? 똑똑해지는 약을 먹는 것은 부도덕한 일일까? 똑똑한 컴퓨터는 인간을 지배해도 좋은가? 마음은 어디에 있는가? 공포는 왜 느낄까? 머리 속에 회오리가 불 만큼 어려운 질문들의 대답을 찾아 동화 속으로 여행을 떠나 봅시다.

도로시를 날려버린 바람의 정체를 밝혀라

　도로시의 집을 날려 버린 회오리바람의 정체는 토네이도입니다. 지구
상에 존재하는 가장 거대한 바람이 바로 토네이도입니다. 토네이도는 순
식간에 발생해, 자신이 지나간 자리의 모든 것을 날려 버리는 악명 높은
바람이기도 합니다. 그 괴력은 상당해서 간혹 시속 100km에 이르는 속력
을 내기도 하지만 대체로 시속 50km 정도의 속도로 진행합니다. 다행히
지속 시간이 대체로 20분 미만으로 길지 않고 3시간을 넘는 경우도 드물
어 한 번에 큰 피해를 기록하지는 않습니다.

　토네이도가 휩쓰는 구역은 폭이 400m 정도로 의외로 극히 좁기 때문
에 운이 좋다면 옆에서 구경할 수도 있습니다. 미국에는 토네이도를 구경

토네이도 최대 발생국인 미국
에서는 연간 500~600개의 크고
작은 토네이도가 발생합니다.

하기 위해 많은 돈을 내는 관광객도 있다고 합니다. 미국은 세계 최대의 토네이도 발생국이자 최대의 피해국으로 지난 50년간 2만 번이 넘는 토네이도가 발생했습니다. 뉴스에서 허리케인이나 홍수에 의한 피해를 많이 방송하기 때문에 이런 유의 자연재해가 많을 것이라고 생각하지만 실제 피해 정도를 살펴보면 토네이도에 의한 것이 훨씬 많습니다. 허리케인과 홍수의 피해를 모두 합해야 토네이도에 의한 피해와 비슷할 정도라면 토네이도가 어느 정도 피해를 끼치는지 짐작이 갈 것입니다.

물론 토네이도가 미국에서만 발생하는 것은 아닙니다. 간혹 국내에서도 울릉도 해상에서 발생한 토네이도가 관측되기도 합니다. 우리나라에서는 이를 '용오름'이라 부르는데, 해상은 육지보다 온도차가 적기 때문에 이때 발생한 회오리바람(용오름)은 대체로 육지의 토네이도보다 규모가 작다고 합니다. 원리상으로 회오리바람은 지구상의 어디에서나 발생할 수 있지만 미국에 토네이도가 가장 많이 발생하는 것은 소위 '토네이도의 골목'으로 불리는 텍사스 북부에서 오클라호마 주를 거쳐 캔자스 주 및 미주리 주에 해당하는 지역이 토네이도가 발생하기 좋은 이상적인 조건을 갖추고 있기 때문입니다. 이 지역은 멕시코 만에서 흘러오는 따뜻하고 습한 공기가 서쪽의 로키산맥으로부터 불어오는 차고 건조한 공기와 충돌하여 토네이도를 발생시킵니다.

토네이도의 크기를 나타내는 등급은 'F'(Fusita scale)로 표시하는데, 오랜 세월 토네이도를 추적하며 연구를 진행한 푸지타(Ted Fujita)의 이름을 따서 1971년 설정한 것입니다. 토네이도의 위력은 직접 측정하기 어렵기 때문에 간접적으로 파괴 정도에 따라 토네이도의 등급을 매기는

데 F0부터 F5까지 있습니다. F0은 18~32m/sec으로 가벼운 파손, 굴뚝의 파괴, 얕게 묻힌 뿌리를 가진 나무가 쓰러지는 정도이고 F5는 93~116m/sec로 차가 공중으로 떠오르거나 나무껍질이 바람에 벗겨지는 정도입니다.

토네이도는 집을 날려버릴 수 있을까?

토네이도는 과연 도로시와 나무로 만든 시골집 한 채를 통째로 날려버리는 것이 가능했을까요? 대답은 싱겁게도 '가능하다' 입니다. 동화에서처럼 집이 하늘로 날아가는 일은 현실에서도 가능합니다. 1931년 미네소타 주에서 60톤이 넘는 기차를 들어 올렸다가 다시 땅에 떨어뜨리기도 했을 만큼 토네이도는 강력한 위력을 과시하는 바람입니다.

그러나 동화 속 주인공인 도로시와 토네이도 영화로 유명한 〈트위스터〉의 주인공이 토네이도에서 살아남은 것은 픽션 속 주인공에게 부여된 특권일 뿐, 실제로 사람이 토네이도에 실려갔다면 살아남기는 어렵습니다. 이유는 굳이 설명하지 않아도 알 수 있겠죠? 토네이도를 가까이에서 연구한다는 것은 연

■ 토네이도의 구름 사진.

구자의 목숨을 건 일입
니다. 이렇게 연구의 어
려움을 해결하기 위해
미국의 국립해양대기청
에 있는 알프랫 J. 베다
드와 칼 람지는 그네들
이 발명한 토토(TOTO,

■ 영화 〈트위스터〉에서는 '도로시' 라는 장비를 이용하여 베일에 싸인 토
네이도의 실체를 벗기려 합니다.

Totable Tornado Observatory)라는 장비를 이용했습니다. 영화 〈트위스터〉
에서처럼 토네이도가 발생하면 장비를 이동경로 앞에 가져다 놓고 토네이
도 속으로 빨려 들어간 토토가 자동적으로 토네이도의 풍속이나 기압과 같
은 여러 가지 정보를 관측하고 기록하게 했습니다. 영화 속에서는 관측장
비에 '도로시' 라는 이름을 붙였지만 실존하는 장비에는 토네이도를 향해
몇 번 짖은 공로(?)를 인정받아 도로시의 개 이름인 '토토' 가 붙었습니다.

　토네이도는 서로 다른 성질을 가진 두 공기 덩어리가 만나서 생깁니
다. 이 두 공기가 만나 중심부로 끌려 들어가면 회전 속도가 증가하는데,
이는 각 운동량이 보존되기 때문입니다. 마치 피겨스케이팅 선수가 팔을
안으로 오므리면 회전 속도가 더욱 증가하게 되는 것과 같은 현상입니다.
이렇게 모인 공기가 급격하게 상승하면 어두운 적운형의 구름이 발생하고
유방운이라고 하는 아랫면이 볼록볼록한 독특한 구름이 생깁니다. 본격적
으로 흡인 구역이 생겨 지상의 공기와 흙먼지를 끌어올리기 시작하면 구
름은 더욱 어두운 색으로 변해갑니다.

토네이도 속에서 도로시의 집이 하늘로 올라가 버린 것은 유체의 속력이 빨라지면 압력이 낮아지게 된다는 '베르누이의 원리'로 설명할 수 있습니다. 즉, 지붕 위쪽으로 바람이 빠르게 불면 지붕 위 압력이 낮아져 지붕이 들리게 되고 결국 하늘로 감겨 올라가는 것입니다.

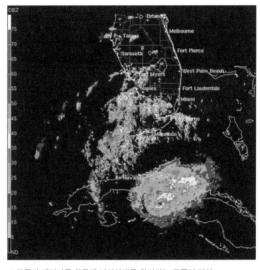
■ 도플러 레이더를 활용해 기상상태를 확인하는 도플러 영상.

폭풍이 등장하는 영화에서 보면 화면상에서 녹색과 적색으로 공기의 움직임을 나타내는 것을 볼 수 있는데요. 이것은 '도플러 영상'이라는 것으로 도플러 효과를 이용한 도플러 레이더로 관측한 것입니다. 도플러 효과는 다가오는 자동차의 소리가 멀어져가는 자동차의 소리보다 크게 들리는 현상으로 스피드건의 작동원리이기도 합니다. 도플러 레이더는 바람이 다가오는 속도와 멀어지는 속도를 화상으로 처리하여 구름의 움직임을 알아낼 수 있게 한 것입니다.

도로시가 날아간 나라 '오즈'는 어디에 있을까?

도로시가 도착한 곳은 키가 작은 사람들인 먼치킨들이 살고 있는 오즈 나라의 어느 곳이었습니다. 도로시는 자신이 타고 온 집이 떨어질 때 동쪽의 나쁜 마녀가 깔려 죽는 바람에 요정으로 오인을 받게 되죠. 마녀가 깔려 죽었지만 도로시의 집은 부서지지 않아 먼치킨들은 도로시가 '추락'한 것이 아니라 '착륙'했다고 생각했습니다.

물론 토네이도가 더 이상 집을 날릴 만큼의 상승력을 제공하지 못한다면 집은 하강하게 됩니다. 천천히 떨어지는 것이 아니라 추락 정도의 속도로 하강해야겠죠. 다만 판타지의 세계인 오즈에서 도로시의 집은 살포시 착륙에 성공합니다.

■ 도로시는 삼촌네 식구와 함께 캔자스 농가에서 생활했습니다. 토네이도의 이동 경로상 도로시는 사막지대를 지나 캔자스 북동쪽 어딘가에서 오즈를 만났겠네요.

로
키
산
맥

캔자스

미주리

오클라호마

텍사스

멕시코만

세계명작 속에 숨어있는 과학

여기서 잠깐, '오즈'는 어디에 있을까요? 토네이도가 도로시를 들어 올려 데려다 놓은 그 마법의 세계 오즈말입니다. 미국 지도를 펼쳐서 한번 살펴볼까요? 텍사스 북부에서 오클라호마 주를 거쳐 캔자스 주 및 미주리 주를 살펴봅니다. 일반적으로 미국에서 발생하는 토네이도는 남서쪽에서 북동쪽으로 진행합니다. 자 오즈를 추적해 보니 캔자스의 북동쪽 어디에 오즈가 있다는 것을 확인할 수 있군요. 의외로 간단하죠?

똑똑하다는 것의 의미

고향 캔자스로 돌아가기를 원하는 도로시에게 착한 마녀는 이야기하죠. "오즈의 마법사를 찾아가세요." 이 말을 들은 도로시는 토토와 함께 오즈의 마법사를 찾아 길을 떠납니다. 이 모험을 통해 에메랄드 시로 가던 도중 여러 명의 친구를 만나는 행운도 누리게 되죠.

그중 첫 번째로 만난 것이 허수아비로 막대기에 매달려 있어 움직일 수 없는 것을 도로시가 내려주면서 둘의 이야기는 시작됩니다. 도로시 덕분에 자유롭게 된 허수아비는 똑똑해지기 위해 도로시와 함께 오즈의 마법사를 찾아가기로 합니다. 허수아비는 오즈의 마법사가 자신에게 뇌를 만들어 주면 똑똑해질 수 있을 것이라고 믿고 있었죠.

사실 똑똑해지기를 원하는 것은 허수아비뿐만이 아닙니다. 대부분의 사람들이 자신이 좀 더 똑똑해지거나 현명해지기를 원하죠. 많은 부모들은 자식이 똑똑해지기를 바라는 마음에서 태교뿐 아니라 교육에 많은 공을 들이기도 합니다. 그렇다면 궁금해지는데요. 똑똑하다거나 어리석다는 것의 객관적인 판별기준은 무엇일까요? 사실 판단기준을 세우기 위해 많은 사람들이 노력했지만 아직 어떤 획일적인 판단기준을 마련하지는 못했습니다. 다만 똑똑하다는 것은 일반적으로 지능이 높다는 것으로 해석하는 데 동의하는 수준입니다. 지능이라는 것은 통찰이나 이해, 사고 등의 여러 가지 의미를 포함하고 있으며, 지능이 높다는 것은 바로 이러한 능력이 뛰어나다는 것으로 여겨집니다.

"너는 아버지를 닮아서 똑똑할 거야."라는 말을 들어본 적이 있나요? 사람들은 지능이 다른 신체적 특징과 마찬가지로 유전된다고 생각합니다. 이렇게 유전에 의해 타고난 지능을 선천적 지능이라 하고, 교육에 의해 얻어진 것을 후천적 지능이라고 하죠. 이렇게 지능을 선천적인 지능과 후천적인 지능으로 구분하기도 하지만 어디까지가 선천적인 것이고 어디까지가 후천적인 것인지 구분하기가 쉽지는 않습니다. 지능에 대한 관점은 학자들 간에도 일치하지 않는 경우가 많습니다. 지능이 다양한 여러 가지 요소들에 의해 표출되는 것이라는 주장을 하는 학자도 있지만, 오히려 여러 가지 능력 중에서 변하지 않고 공통적으로 발현되는 단일한 요소(일반 지능, general intelligence, g요인)를 지능이라고 생각하는 학자도 있습니다. 지능에 대한 의견들이 분분하기 때문에 지능검사에 대한 관점들도 연구에 따라 많은 차이가 나타납니다.

이러한 지능 검사에 대한 여러 가지 사항 중 가장 많은 논란을 불러일으켰던 것은 바로 지능지수(IQ, Intelligence Quotient)입니다. 사람들은 지능과 IQ 검사에서 얻은 점수인 지능지수를 동일시하는 경향이 있지만 연구에 의하면 IQ는 단지 학업성취도를 25% 정도 예견해줄 뿐 직장에서 업무수행 능력이나 보수, 창조성과 특별한 상관관계를 보여주지는 못한다고 합니다. 즉, 지능지수는 단지 학업성취도와 관련이 있을 뿐 다른 것에 대해서는 아무런 결과도 보여주지 못하는 것입니다.

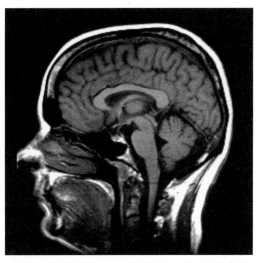
■ 골상학을 창시한 골튼은 머리모양을 분석하면 그 사람의 성격과 지능을 알아낼 수 있다고 주장했습니다.

　지능 측정을 최초로 시도한 사람은 다윈의 사촌이었던 프랜시스 골튼(Francis Golton)이라는 사람이었습니다. 골튼은 1884년부터 1890년 사이에 런던 소재 사우스켄싱턴 박물관에서 이채로운 서비스를 진행하였습니다. 돈을 받고 지능을 검사해 주는 것이었는데요. 안타깝게도 이 검사는 내용과 방법 면에서 골튼의 개인적 선택에 의한 터무니 없는 것에 지나지 않았습니다. 골튼은 당시 골상학(Phrenology)이라는 학문을 창시하여 두상과 지능을 연관지어 수치화하는 연구를 했습니다. 물론 골상학이라는 학문은 과학적인 근거가 빈약한 사이비 과학이었지만 사회전반에 지대한 영향을 끼쳤습니다.

　한편 프랑스의 비네는 골튼보다 훨씬 나은 환경에서 지능에 대한 새로운 연구를 시작합니다. 교육 당국의 요청으로 심리학자인 비네(Binet

Alfred)는 아동의 초등학교 입학여부를 판별할 수 있는 검사를 개발했습니다. 1905년 발표된 이 검사는 특수아동을 가려내기 위한 것이었지만 이후이 검사를 변형시켜 여러 가지 목적으로 전용하여 사용하기로 했습니다. 검사의 잘못된 사용에 대해 비네는 "테스트는 단지 아동의 학업 성취도를 예상하기 위한 것일 뿐으로 그 이상도 그 이하의 의미도 없다."고 강조했지만 미국으로 건너간 비네의 테스트는 본래의 의도에서 벗어나 인종 차별이나 장애인에 대한 차별에 사용되는 등 많은 문제점을 낳기도 했습니다.

작고한 진화생물학자인 굴드는 『인간에 대한 오해』에서 IQ를 '미국의 발명품'이라며 이를 악용한 것에 대해 혹독한 비판을 가하기도 했는데요. 검사지에 많은 수정이 가해지고 종류도 다양해지기는 했지만 오늘날의 IQ 검사도 근본적인 형태는 스텐포드-비네 검사와 유사하다고 할 수 있습니다. 우리나라에서도 서양에서 만들어진 IQ 검사 문항이 그대로 번역돼 사용되고 있는데요. 현재로서는 이러한 검사가 얼마나 정확하게 지능을 알려줄 수 있는지 회의를 갖는 사람도 많습니다.

경험을 통해 지능을 높인 허수아비

오즈의 나라에서 허수아비는 말을 할 줄 압니다. '말을 할 수 있다는 것'은 허수아비의 뇌의 브로카 영역(Broca's area, 운동성 언어중추로 말하는 기능을 담당)과 베르니케 영역(Wernicke's area, 감각성 언어중추로 단어의 뜻을 해석하고 말하는 기능을 담당)이 정상적으로 작동하고 있음을

● 브로카 영역과 베르니케 영역

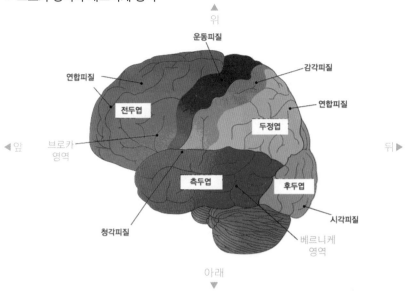

나타냅니다. 말은 입만 있다고 할 수 있는 것이 아니라 뇌의 이 두 영역이 정상적이라야 가능한 것입니다. 흔히 말이 많은 사람을 보고 '입만 살았다'라는 표현을 하지만 말은 입이 하는 것이 아니라 뇌에서 내려간 명령에 의한 것이기 때문에 이 표현은 정확하지 않은 것이라고 할 수 있습니다.

막대에서 내려진 허수아비는 길을 걸어가면서 넘어지는 등 여러 실수를 하게 됩니다. 도로시는 넘어지지 않는데 허수아비만 넘어지는 것은 허수아비의 평형감각이 아직 발달하지 않았기 때문이라고 볼 수 있는데요. 평형감각은 귀 속의 전정기관에서 담당하는데, 위치감각과 회전감각을 함께 느끼기 때문에 전정기관에 문제가 있다면 올바른 자세를 잡을 수 없습니다. 또한 허수아비의 잦은 실수에서 허수아비의 신경 피드백 작용이 원활하지 않은 것으로 생각할 수도 있는데요. 일례로 길을 확인하면서 다리를 적당하게 내밀어 걸어가야 하는 상황에서 실수를 연발하는 허수아비는 아직 길을 걷는 것과 다리를 벌리는 것 사이에 원활한 신경이 작동하지 않은 것으로 생각할 수 있습니다.

이후 도로시와 모험을 통해서 허수아비는 많은 경험을 하게 되고 실수도 줄어들어 결국 자기가 멍청하지 않다는 것까지 보여주게 됩니다. 특히 서쪽 마녀를 물리치러 갈 때 허수아비가 보여준 묘책은 그의 '똑똑함'을 보여주는 계기가 됩니다. 서쪽 마녀가 보낸 수많은 벌이 공격해 오자 허수아비는 나무꾼에게 자신의 몸에서 지푸라기를 꺼내 일행을 감싸서 벌로부터 도로시 일행을 보호하도록 합니다. 이와 같이 뛰어난 문제해결능력을 가진 허수아비에게 오즈의 마법사는 "허수아비는 이미 똑똑하다."고 말하며, "경험이 허수아비의 뇌"라고 합니다.

인간은 경험을 통해 학습을 할 수 있으며, 학습을 통해 문제해결능력을 향상시킬 수도 있습니다. 재미있는 것은 인간은 많은 경험과 지식을 얻을수록 더욱더 빨리 문제를 해결하지만, 컴퓨터는 많은 데이터를 가지고 있으면 해결 속도가 더 느려진다는 것입니다(물론 많은 데이터를 검색하는 것이 더 정확한 답을 제시하기는 하지만 말이죠). 지능은 타고나는 것이기도 하지만 환경에 영향을 받고 달라지기도 합니다. 따라서 허수아비가 도로시와 함께 여러 가지 경험을 한 것이 그의 지능 발달에 매우 중요한 역할을 했다는 오즈의 마법사의 말은 결코 틀린 말이 아닙니다.

아인슈타인의 뇌 VS 허수아비의 뇌

허수아비는 자신이 뇌 대신에 머릿속에 지푸라기만 들어 있어서 똑똑하지 못하다고 생각합니다. 이 때문에 허수아비는 진정한 뇌를 갖고자 하죠. 그렇다면 허수아비보다 똑똑하다고 생각하는 인간의 뇌에는 무엇이 들어 있을까요? 똑똑한 뇌에는 진정 특별한 것이 들어 있을까요? 해답을 찾아가 보죠.

한때 식물이 좋아하는 음악을 들려주면 생장이 좋아진다는 설이 정설로 받아들여졌습니다. 하지만 식물은 동물과 달리 음악을 듣고 느낄 수 있는 뇌가 없기 때문에 이러한 주장은 논란의 대상이 되었습니다. 그렇다면 혹시 의문을 가져본 적은 없나요? 식물은 왜 뇌가 없을까요? 갖가지 주장이 있지만 식물에게 뇌가 존재하지 않는 가장 설득력 있는 주장은 식물은 동물과 달리 외부 자극에 대해 활발한 반응을 보이며 움직일 필요가 없기 때문이라는 것입니다.

이 주장을 역설적으로 해석하면 동물 중에서도 활발히 움직이고 반응하는 인간은 그만큼 뇌가 발달했을 가능성이 높고 자연계의 어떤 동물보다 분명 똑똑하다는 것입니다. '똑똑하다'는 것은 인간이 세운 인위적인 개념이지만 이러한 판단 기준을 세울 수 있는 것이 인간밖에 없으니 인간 맘대로 줄을 세운다고 한들 항의할 동물은 없을 것입니다. 인간이 이렇게 똑똑해진 것은 진화 과정 중 뇌, 특히 신피질을 가장 크게 발달시켰기 때문입니다. 변연계를 둘러싸고 있는 것이 신피질(여기에는 변연계를 구피질로 여긴다는 의미가 있습니다)입니다. 인간이 그토록 자랑스럽게 생각

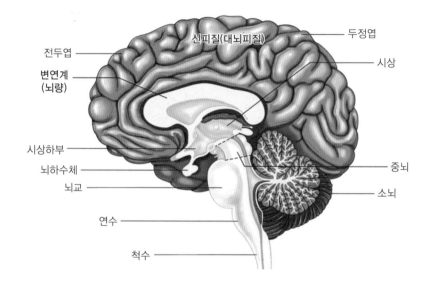

하는 대뇌란 뇌의 변연계와 신피질을 합한 곳입니다. 신피질은 말하기, 계산, 추리, 판단 등을 가능케 하고, 변연계와 함께 감정에 적당히 논리를 버무려 세련된 감정 표현을 하게 합니다. 따라서 우리가 흔히 이야기하듯이 감정과 이성이 완전히 분리된 것은 아닙니다.

일반적으로 뇌는 어류에서 양서류, 파충류로 진화해 나가면서 조금씩 커지는 경향을 보입니다. 그러나 비록 이들의 뇌가 커지는 경향을 보이기는 하지만 그 크기에 있어 많은 차이를 보이는 것은 아닙니다. 다만 조류의 경우에는 이들보다 훨씬 발달한 소뇌를 가지고 있습니다. 이는 하늘을 난다는 것이 그만큼 어려운 작업이라는 것을 반증하는 것이기도 합니다. 일례로 자동차보다는 비행기가 더 복잡하지요.

일반적으로 뇌는 두부나 젤리와 같은 상태로 겉에는 많은 주름을 가지고 있으며, 좌우의 두 부분으로 나눠져 있습니다. 흔히 주름이 많은 뇌가 더 똑똑한 뇌라고 알려져 있지만 꼭 그런 것은 아닙니다. 인간이 쥐나 토끼, 다른 영장류보다 주름이 많은 것은 사실이지만 가장 많지는 않습니다. 주름이 많기로는 돌고래가 으뜸인데, 돌고래가 인간보다 똑똑하다고 생각하는 사람은 없을 것입니다. 따라서 피질에 있는 주름보다는 신경세포가 광범위하게 연결되어 있는 것이 더 중요하다고 여겨집니다.

⚙️ 아인슈타인보다 똑똑한 허수아비

뇌는 인간 전체 몸무게의 2% 정도를 차지하지만, 몸 전체가 사용하는 산소의 20%를 사용할 만큼 활동적인 기관입니다. 만일 외계인이 인간과 다른 동물의 뇌를 조사한다면 뇌가 기형적으로 발달한 돌연변이라는 판단을 내릴 정도로 인간의 뇌는 큽니다. 침팬지의 뇌는 A4용지 1장, 원숭이의 뇌는 엽서 1장, 쥐의 뇌는 우표 1장 정도의 면적입니다. 인간의 뇌를 침팬지의 뇌와 비교해 보면 약 3배 정도 큽니다. 따라서 신경세포와 거기에서 나온 돌기를 합친 신경단위인 뉴런의 수도 약 3배나 됩니다. 더불어 인간의 뇌는 단지 침팬지의 뇌보다 부피만 큰 것이 아니라 대뇌피질의 주름도 훨씬 더 많다는 것이 널리 알려진 사실입니다. 인간의 대뇌피질은 침팬지보다 4배 더 큰 A4용지 4장 넓이입니다. 또한 뇌는 3대 영양소인 단백질, 지방, 탄수화물 중 에너지 생성에 가장 효과적인 포도당만을 에너지원으로 사용합니다.

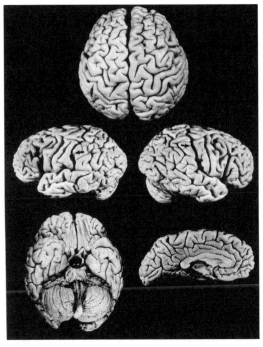

■ 앨버트 아인슈타인은 1955년 4월 18일에 동맥류로 인한 복강대동맥 파열로 사망했고 그의 시신은 화장되었습니다. 다만 아인슈타인의 사체 부검을 맡았던 프린스턴 병원의 병리학자 토머스 스톨츠 하비 박사에 의해 아인슈타인의 뇌만은 보관되었습니다. 이후 천재과학자로 불리는 아인슈타인의 뇌에 대한 많은 연구가 진행됐지만 현재까지 아인슈타인의 뇌가 일반인의 뇌보다 뛰어난 기능을 보인 구체적인 이유가 밝혀지진 않았습니다.

시험 전에 엿을 먹이는 것은 뇌가 활동하는 데 필요한 에너지인 포도 당이 엿에 많이 들어 있기 때문입니다.

많은 인간의 뇌 중에서도 가장 연구가 많이 되는 것이 바로 아인슈타인의 뇌입니다. 아인슈타인의 카리스마 때문인지 그의 뇌에 대한 많은 유언비어가 있었지만, 놀랍게도 그동안의 연구에 의하면 아인슈타인의 뇌와 일반인의 뇌는 물리적인 큰 차이가 없다고 합니다. 능력적인 측면에서 그의 뇌는 탁월한 성능을 발휘했지만 물리적인 특이점은 많지 않다는 것입니다.

아인슈타인의 뇌를 연구한 연구진이 아인슈타인의 뇌와 일반인의 뇌와의 차이점을 찾기 위해 노력한 바에 의하면 그의 뇌는 일반인보다 좌우 두정엽 피질이 더 크고, 실비아 열수(sylvian fissure)에서 차이를 나타낸다고 합니다. 이러한 차이는 신경 결합을 더 많이 만들어 줘 아인슈타인이 세기의 천재로 자리 잡을 수 있게 해주었습니다.

하지만 앞서 말했듯이 아이슈타인 뇌는 물리적 형태나 크기에서가 아니라 그가 살아 있을 때 일어난 일련의 뇌 활동에 의해 새롭게 형성된 기능적 배열에 의해 뛰어난 능력을 나타냈을 가능성도 많습니다. 뇌의 크기가 지능과 무관한 것은 아니지만, 아인슈타인의 뇌가 평균보다 조금 작은 크기라고 하니 뇌의 크기로 똑똑함을 평가할 수 있는 것은 아닌 게 분명합니다.

허수아비에게는 옷핀을, 인간에게는 반도체 칩을!

새로운 뇌가 필요하다고 했던 허수아비는 똑똑해지기 위해서는 남과 다른 뇌가 필요하다는 고정관념을 가지고 있었는지도 모르겠습니다. 허수아비가 꼭 뇌를 가지고 싶다고 하자 오즈는 왕겨와 옷핀으로 만든 새로운 뇌를 만들어 줍니다. 어찌 보면 인간도 허수아비와 비슷한 생각을 가지고 있는 듯합니다. 뇌를 바꿀 수 없다는 것을 잘 알고 있는 인간은 '똑똑해지는 도구'로 오즈의 마법사가 허수아비에게 주었던 왕겨와 옷핀 대신 반도체 칩과 같은 이식편을 넣는 방법을 연구 중입니다. 이를 위해 우선 필요한 것은 뉴런과 실리콘 칩을 결합시키는 기술인데요. 뇌의 뉴런은 유기물(有機物, 과거 생명체 안에서 생명력에 의해 만들어지는 물질이라는 의미에서 붙여진 이름으로 오늘날에는 이산화탄소와 같이 간단한 화합물을 제외한 탄소화합물을 뜻함)이고 반도체 칩은 무기물(無機物)이기 때문에 이 둘을 결합시켜 아무런 부작용 없이 정보를 주고받게 하는 것은 지금의 기술로는 쉽지 않다고 합니다. 이러한 문제가 해결된다면 미래에는 영어사전이나 백과사전을 일일이 찾는 수고를 버리고 반도체 칩을 뇌에 삽입하는 것으로 방대한 지식을 손쉽게 얻을 수 있을 것입니다.

인간이 오즈의 마법사에게 찾아가 '똑똑해지는 약'을 달라고 부탁했다면 허수아비에게 넣어 준 왕겨와 옷핀 대신, 신경과 아무 문제없이 정보를 소통할 수 있는 뛰어난 반도체 칩을 주었을지도 모르겠습니다.

그렇다면 뇌에 이식편을 넣지 않는 선에서 똑똑해질 수 있는 방법은 없을까요? 앞서 말한 아인슈타인 뇌와 일반인의 뇌 사이에 어떤 특별한

■ 과학자들은 아인슈타인의 뇌가 기능적으로 뛰어나서기보다 아인슈타인이 생전에 많은 연구를 통해 뛰어난 성과들을 만들어냈을 것이라는 데 많은 공감을 보이고 있습니다.

물리적인 차이가 없다는 것은 일반인에게 희망의 메시지로 들릴 수도 있습니다. 천재들의 뇌도 일반인의 뇌와 크게 다르지 않기 때문에 평범한 사람들도 노력 여하에 따라 그에 준하는 능력을 가질 수 있기 때문입니다.

똑똑해지는 약(smart drug) 이야기

인간이 상상하는 똑똑해지는 방법 중 하나가 바로 스마트 약(smart drug)으로 불리는 똑똑해지는 약을 먹는 것입니다. 우리 몸이 화학작용에 의해 움직이듯이 뇌 또한 화학작용으로 활동한다고 가정한다면 약에 의해 그 능력이 증가하거나 감소할 수도 있을 것입니다. 따라서 뇌의 화학작용을 호전시키는 약이 있다면 금상첨화겠지요.

지금까지 알아낸 바에 의하면 기억은 RNA(ribonucleic acid, D-리보오스를 구성당으로 하는 핵산)라고 하는 분자에 저장된다고 추정되며, 신경세포에서 방출되는 신경전달물질에 의해 일어난다고 합니다. 따라서 신경전달물질이라는 화학물질을 많이 생성해 모든 것들을 기억하게 하거나 RNA를 더 만들어 기억할 수 있는 공간을 더 확보한다면 사람의 머리는 좋아질 것입니다. 이러한 작용을 촉진하는 약이 바로 머리가 좋아지는 약이 될 것입니다.

현재 시중에 나와 있는 머리 좋아지는 천연 물질로는 '은행잎 추출물'이 가장 유명합니다. 은행잎 추출물은 미국에서는 완제품으로 연간 10억 달러 이상 팔리고 있을 만큼 인기 있는 보조식품입니다. 하지만 효과가 너무 약하다 보니 플라시보 효과(placebo effect, 위약효과)로 간주하기도 합니다. 은행잎이 기억력 증강에 도움이 된다는 증거는 너무 미미해 커피 한 잔으로 얻을 수 있는 정도밖에 안 된다고도 합니다. 이러한 이유 때문에 미식품의약국(FDA)과 국립보건연구소(NIH)는 은행잎 추출물을 건강 보조식품으로 취급할 뿐 약에 대한 허가는 유보하고 있습니다, 그래서 미국에서는 은행잎 추출물이 약이 아니라 보조식품으로 팔리고 있는 것입니다.

사실 당분을 함유한 커피는 오랜 세월 동안 똑똑해지는 약(?)으로 가장 많은 사랑을 받아 왔습니다. 커피를 약이라고 하니 이상하게 생각될지도 모르지만 커피 속의 카페인은 각성제로서 엄연한 약입니다. 다만 커피 속에 포함된 카페인의 양이 적기 때문에 이를 약으로 부르지 않을 따름입니다. 분명 졸음을 쫓고 밤을 새워 공부하는 이들에게 커피는 부작용이 적고 효과적인 음식입니다. 설탕을 넣은 커피 한 잔보다 효과적인 스마트 약을 찾기는 쉽지 않을 정도로 단기간에는 효과가 있습니다.

카페인과 비슷한 효과를 보이는 것이 세팔론(Sephalon)제약연구소의 모다피닐(Modafinil)입니다. 미국의 고등방어연구계획국(DARPA)에서 모다피닐의 각성효과에 주목해 이 약의 효과를 연구했는데요. 모다피닐은 다른 신경자극제와는 달리 부작용에 시달리지 않으면서도 88시간 동안 잠을 자지 않고 생활할 수 있는 효과를 가지고 있습니다. 전투시 수면부족에 시달리는 병사들, 특히 장시간 비행임무를 수행하는 파일럿에게 이 약은 아주 효과적입니다. 원래 모다피닐은 급작스런 졸음증상을 겪는 사람이나 발작성 수면 환자만을 위한 약이었지만, 단기간 복용은 커피의 카페인 수준의 부작용밖에 없다고 알려지면서 일반인에게도 많이 팔려 나갔습니다. 하지만 아직 장기 복용에 대해서는 알려진 바가 없기 때문에 주의를 요하는 약품입니다.

간혹 인지기능 강화제를 스마트 약으로 오인하고 복용하는 사례들이 있습니다. 어린이들의 집중력장애(ADHD)를 치료하기 위해 처방되는 약을 머리가 좋아지는 약으로 오해하는 사람들 때문인데요. 인지기능 강화제는 치료를 위한 것이지 머

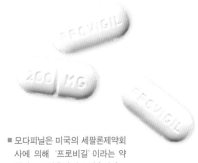

■ 모다피닐은 미국의 세팔론제약회사에 의해 '프로비길'이라는 약품명으로 상용화되고 있습니다.

리가 좋아지는 약은 아닙니다.

한편 근래에는 똑똑해지기를 원하는 사람들을 만족시키는 기계가 나오기도 했습니다. 뇌파학습기라는 이 기계는 고가임에도 불구하고 학습능률을 향상시킬 수 있다고 알려지면서 많은 수험생들에게 팔려 나갔습니다. 제조사는 광고를 통해 마치 뇌파학습기를 사용하면 꼴찌인 학생이 1등이 될 수 있다는 듯이 광고를 했고, 사용 학생들이 학습에 도움이 된다며 방송을 타기도 했습니다. 하지만 광고에서와 같이 뇌파학습기가 모든 학생들에게 효과가 있는 것은 아닙니다. 그보다는 자신의 학습욕구가 더 큰 영향을 미치는 것으로 보입니다.

많은 사람들이 건강한 사람이 똑똑해지기 위해 약을 먹는 것은 옳지 않다고 생각합니다. 즉, 노력을 해서 공부를 해야지 약을 사용해서 쉽게 지식을 얻는 것은 비겁한 짓이라고 생각하는 것입니다. 물론 약을 이용해 쉽게 지능을 향상시키기만 원하고 스스로 자아 개발을 등한시 하는 것은 경계해야 할 것입니다. 하지만 힘들게 영어사전을 외우는 것보다 반도체 칩을 뇌에 삽입해서 사전을 통째로 외우는 것이 윤리적으로 부도덕하다고 할 수는 없습니다.

미래에는 똑똑해질 수 있는 스마트 알약이나 반도체 칩이 나와서 학생들의 학습 부담을 많이 줄여줄지도 모릅니다. 이런 시대가 왔을 때 진정 걱정해야 하는 것은 잊어야 할 아픈 기억이 잊히지 않는 것이겠지요. 항상 과한 것은 모자라는 것만 못하다는 걸 생각해야겠습니다.

양철 나무꾼은 왜 그토록 간절히 심장을 원하는가?

허수아비와 도로시는 길을 가던 중 커다란 나무 아래에서 신음소리를 내며 울고 있는 양철 나무꾼을 만납니다. 양철 나무꾼은 몸통이 녹슬어 움직일 수 없게 되어 울고 있었습니다. 도로시가 기름통을 가져와 녹이 슨 양철 나무꾼의 몸 구석구석에 기름을 뿌려주자 양철 나무꾼은 다시 움직일 수 있게 됩니다.

그런데 왜 양철 나무꾼은 '양철로 된 인간'이 되었을까요? 『오즈의 마법사』에서 양철 나무꾼의 사연을 다시 한번 상기해 볼까요? 양철 나무꾼은 원래 인간이었지만, 나쁜 아주머니와 함께 살고 있는 아름다운 아가씨를 사랑하는 바람에 아주머니로부터 미움을 샀습니다. 나쁜 아주머니는 나무꾼과 아가씨의 결혼을 막기 위해 마녀를 찾아가 둘의 관계를 끝내달라고 부탁합니다. 마녀는 이 둘의 결혼을 막기 위해 나무꾼의 도끼에 마법을 걸었고, 마법에 걸린 도끼는 나무꾼의 다리를 자르고 말죠. 하지만 나무꾼은 절망하지 않고 양철공에게 찾아가 양철로 만든 새로운 다리를 달고 다시 나무를 하기 시작합니다. 그러자 도끼는 팔, 몸통, 머리를 차례로 잘랐고 결국에는 나무꾼은 모든 몸이 양철로 된 양철 나무꾼이 되어버립니다.

요즘의 단어로 양철 나무꾼의 정체를 정의하자면 원래는 인간이었으나 몸이 기계조직으로 하나씩 바뀐 '사이보그'라 할 수 있겠지요. 결국 나무꾼은 몸을 모두 양철로 바꾼 사이보그가 된 것입니다. 안타깝게도 나무꾼 사이보그가 되면서 심장도 뇌도 없어지고, 아가씨에 대한 사랑도 없이

졌다고 합니다. 심장이 없어지면서 사랑도 행복도 느낄 수 없게 된 양철 나무꾼은 다시 심장을 갖기를 원합니다. 양철 나무꾼에게 애절한 사연은 그가 왜 그토록 심장을 원하는지 이해할 수 있게 합니다.

그렇다면 양철 나무꾼의 생각대로 사랑이나 행복을 느끼기 위해서는 심장이 꼭 있어야 하는 것일까요? 사랑이나 행복을 느끼는 마음은 심장에 있는 것일까요? 사실 마음이 어디에 있는가는 오랜 세월 철학과 과학의 공통 주제였습니다. 오늘날에는 마음이 뇌에서 일어나는 일련의 과정이라고 생각되고 있지만 과거에는 그렇지 않았습니다. 많은 사람들은 마음이 심장이나 간 또는 몸 전체에 퍼져 있다고까지 생각했습니다. 한자의 마음 심(心)이나 서양의 하트(♥)는 모두 마음이 심장에 있다고 믿었기 때문에 생긴 표식입니다. 인간의 마음이 심장에서 온다고 믿은 것은 동양이나 서양이나 모두 비슷했던 모양입니다. 아리스토텔레스와 같은 위대한 지성인도 그러한 생각을 지지했으니 보편적 상상이라 할만합니다. 그런데 재미있게도 역사를 뒤져보면 이러한 보편적 상상에 제동을 거는 사람들이 꼭 나타납니다. 고대의 가장 유명한 의사 중 한 사람인 갈레노스(Claudios Galenos)는 인간의 마음이 뇌에 있다는 생각을 하고 있었습니다. 실험생리학을 확립한 갈레노스는 뇌 손상을 입은 군인들을 연구하여 이러한 사실을 알아냈는데 중세와 르네상스 시대에 걸쳐 유럽의 의학 이론과 실험에 절대적인 영향을 끼치기도 했습니다.

인간의 마음은 어디에 있을까?

오늘날 많은 과학자들은 마음이 뇌 중에서도 신피질과 변연계에 있을 거라고 추정하고 있습니다. 변연계라는 용어는 뇌의 가장 자리를 뜻하는 말로 1878년 프랑스의 신경학자 폴 브로카(Paul Broca)에 의해 처음 사용되었습니다. 사람은 변연계를 통해 사랑하고 미워하는 등의 감정적인 반응을 나타내기 때문에 변연계를 '정서적인 뇌'라고 부르기도 합니다. 신피질은 변연계의 감정적인 반응을 훨씬 매끄럽고 고차원적인 수준으로 끌어올릴 수 있도록 돕는 역할을 하는데 신피질의 발달이 미약한 동물의 경우도 변연계의 편도체에서 기쁨과 슬픔, 공포와 같은 감정을 유발합니다. 이러한 이론에 따르면 동물도 감정을 가지고 있기 때문에 그들에게도 마음이 있다는 주장도 가능하다고 할 수 있습니다.

미확인 비행물체처럼 뇌에 대해서 밝혀진 바가 많지 않기 때문에 인간의 사랑과 감정에 관한 미확인 이론이 다양하게 나와 있습니다. 대표적으로 뇌가 3부분으로 나누어져 있다고 하는 '3부가설'이라는 것이 있습니다. 3부가설은 뇌가 뇌간, 변연계, 신피질 3단계로 발달되면서 인간이 더욱 고등한 생명으로 진화되었다고 주장합니다. 뇌를 3단계로 나누어 생각하는 것에 여러가지 문제가 있는 것은 사실이지만 이러한 뇌의 3부가설은 사랑에 대한 생물학적인 이해를 돕는데 유용합니다. 3부가설에 의하면 동물적 성행위를 담당하는 뇌간과 시상하부, 감성적인 사랑을 하는 변연계, 믿음과 정신적 교감에 의한 사랑을 나누는 신피질로 사랑의 등급(?)을 구분할 수 있습니다. 이성을 담당하는 신피질이 사랑에 관여하기 때문에 신피질의 활동을 억제하는 알코올은 사랑을 논하는 자리에 빠지지 않습니다. 이는 술을 마시게 되면 신피질의 활동이 억제되고 신피질이 변연계에 대한 감독 기능이 허술한 틈을 타서 마음 깊숙한 곳의 감정들이 스스럼없이 드러나기 때문입니다.

⚙️ 양철 나무꾼의 머리에는 무엇이 있을까

또한 기억을 담당하는 해마와 감정을 통제하는 편도체도 사랑과 관련이 있습니다. 이 둘은 서로 이웃해 있는데 가깝기 때문에 기억과 감정은 서로 연관성을 가지게 됩니다. "과거의 앙금은 서로 털어버리고 사랑하자."라는 말에서 알 수 있듯이 과거의 기억은 감정에, 감정은 사랑에 영향을 미치게 됩니다.

또 하나의 이론은 사랑을 화학물질 분비에 따라서도 3단계로 구분하는 것입니다. 첫 번째 단계는 도파민이 분비되는 시기로 이때는 상대방에게 호감을 느끼게 됩니다. 페닐에틸아민과 옥시토신이 분비되면 두 번째 단계에 이르러 감정이 급격히 상승되며 상대방을 안고 싶은 욕구가 생깁니다. 그리고 3단계는 사랑의 기쁨으로 충만하게 되는 시기인데, 이때는 엔도르핀이 분비된다고 합니다. 최근 페로몬과 같은 화학물질을 이용해 사랑을 만들어 보려고 하는 것도 사랑에 화학물질이 관여한다고 믿기 때문입니다.

그러나 사랑의 과학에 대해 어느 정도 밝혀진 것과 달리 아직까지 '뇌로부터 어떻게 마음이 생겨나는가'에 대해서는 알려진 바가 없습니다. 사실 마음이 과학의 연구 대상이 아니라고 생각하는 사람도 많습니다. 더구나 자신의 마음을 연구할 수 있는 사람은 연구자 자신밖에 없기 때문에 자칫 순환 논리에 빠질 수도 있습니다. 마음에 대한 연구가 이루어진다고 해도 연구자가 연구한 것을 다른 연구자가 연구한 것과 비교할 방법이 없어 과학에서 가장 중요한 객관성을 가질 수 없다는 한계도 있습니다. 매우 어려운 일이지요. 상황이 이렇기 때문에 마음을 알아내는 것이 영원히 불가능할지도 모른다고 생각하는 사람까지 있는데요. 낙관적인 과학자들은 뇌

에 대한 연구가 진행되면 뇌에서 어떻게 마음이 생겨나는지 알 수 있을 것이라고 믿기도 합니다.

마음을 설명하는 데 있어서 양자역학이 필요할지 모른다는 재미있는 주장을 하는 사람도 있습니다. 옥스퍼드 대학의 수리물리학자인 로저 펜로즈 경이 처음 이런 주장을 했을 때는 믿는 사람이 거의 없었습니다. 사실 물리학에 대한 그의 명성이 아니라면 우스갯소리쯤으로 취급 받았을지도 모

■허수아비와 양철 나무꾼은 인간이 아니기 때문에 에너지가 필요하지도 않고 피곤도 느끼지 않습니다. 똑똑한 머리와 따뜻한 심장을 원하는 이들은 현대판 사이보그와 닮아 있습니다.

릅니다. 초기에 그의 주장이 힘을 얻지 못했던 것은 뇌의 어느 부분에서 양자역학현상이 일어나는지 설명할 수 없었기 때문입니다. 하지만 세포 소기관의 일종인 미세소관(microtubule)에서 이러한 현상이 일어날 수 있다는 것이 알려지면서 많은 관심을 끌고 있습니다.

마음이 심장이 아니라 뇌에 있다는 사실을 알았다면 양철 나무꾼도 오즈의 마법사에게 허수아비와 같이 뇌를 넣어 달라고 했겠죠, 다만 허수아비가 원했던 계산, 추리, 판단을 담당하는 신피질보다는 아가씨에 대한 기억을 가지며 감정을 관장할 수 있는 변연계를 달라고 했을 겁니다.

겁 많은 사자 이야기

도로시가 여행을 하면서 마지막으로 만나는 일행은 겁쟁이 사자입니다. 겁쟁이 사자는 다른 덩치 큰 동물이 자신을 공격할까봐 항상 두려움에 떨고 있죠. 도로시의 일행에 합류하고 모험을 거친 끝에 오즈의 마법사에게 갔을 때 사자는 오즈의 마법사로부터 신비의 묘약을 선물받게 됩니다. 사자가 받은 신비의 묘약은 초록색 병에 들어 있었습니다. 약을 주면서 오즈의 마법사는 약에 용기가 녹아 있어서 약을 마시면 용감해질 거라고 이야기합니다. 약을 마신 사자는 용감해졌다고 느끼면서 실제로 용감한 행동을 하게 됩니다. 상식적으로 생각해 보면 사자의 이야기는 온통 의문투성이입니다. 왜 사자가 겁이 많아졌는지, 신비의 묘약의 정체는 무엇인지……. 자 이제 그 의문들을 하나씩 풀어나가 볼까요.

동화 속에서는 사자를 '겁쟁이'라고 표현하지만 사실 누구나 공포를 느낍니다. 이는 공포가 우리를 위험으로부터 보호하는 기능을 가지고 있기 때문입니다. 골목에서 만난 미친개를 보고 공포를 느껴 도망가지 않는다면 큰 낭패를 볼 수 있을 것입니다. 이와 같이 공포는 자연스러운 감정이지만 공포증(phobia)의 경우에는 그 정도가 매우 심한 경우를 말합니다. 즉, 공포증은 어떤 특정한 물건이나 동물, 상황에 처했을 때 일어나는 합리적이지 않은 공포 반응입니다. 공포증은 전쟁에서 적을 놀라게 했다는 그리스신화에 등장하는 전쟁의 신 포보스(Phobos)에서 따온 것인데, 크게 특정공포증, 사회공포증, 광장공포증으로 구분할 수 있습니다. 겁쟁이 사자의 경우에는 덩치 큰 동물들과 같이 특정한 동물에 대해 공포를 느끼기 때문에 사자의 증세는 특정공포증이라고 할 수 있습니다.

공포증이 일어나는 이유에 대한 이론은 여러 가지가 있습니다. 개를 싫어하거나 물을 겁내는 것은 과거에 이에 대한 좋지 않은 기억을 가지고 있기 때문인 경우가 많습니다. 어린 시절에 옆집 개에게 물린 경험이 있는 사람은 이후 개를 두려워하게 되고 멀리서 개를 보기만 해도 개에 대한 공포 반응을 나타내게 됩니다. 개에게 물려 개를 두려워하게 되는 이러한 과정을 고전적인 공포의 조건화(classical fear conditioning)라고 합니다. 파블로프의 조건 반사와 같이 공포도 과거의 기억에 의해 학습된다는 것이 공포에 대한 '학습이론'의 설명입니다. 사자의 경우 새끼였을 때 다른 동물에게 죽을 뻔한 경험이 공포증의 원인이 되었을 수도 있겠죠.

그러나 인지이론가들의 '공포'에 대한 입장은 '공포의 조건화'와는 조금 다릅니다. 인지이론가들은 사자가 '큰 동물은 진짜로 위험하다'고 생각하기 때문에 공포 반응이 일어난다고 봅니다. 즉, 허수아비가 보기에는 사자가 충분히 싸워 이길 수 있는 동물도 사자 자신은 진짜로 무섭다고 느낄 수 있다는 것입니다.

공포를 유발하는 신체적 특징을 살펴보면 일반적으로 자율신경계가 불안정하면 공포를 더 잘 느낄 수 있습니다. 이것은 어떤 상황에 닥쳤을 때 에피네프린(아드레날린)과 같은 스트레스 호르몬이 과다하게 분비됨으로써 생기는 현상입니다. 과다하게 분비된 에피네프린은 심장 박동을 증가시키기 때문에 사람들은 실제로 가슴이 두근거린다고 느끼게 됩니다. 또한 식은땀이 나고 숨이 막히고 감각이 예민해지는 등의 증세가 나타납니다. 스트레스 호르몬은 방어 호르몬이라고도 하는데 사람이 어떤 위기에 처했을 때 결정적인 역할을 하기 때문입니다. 즉, 이 호르몬은 위기에 처한 신체에 대해 싸우거나 도망갈 수 있게 신체를 준비하는 역할을 합니다. 따라서 상황에 신속하게 대처해 안전을 도모하는 것이 이 호르몬의 역할인 것입니다. 하지만 위기 상황도 아닌데 위기라고 느끼면 스트레스 호르몬의 과다 분비에 의해 신체가 손상을 입게 됩니다. 과다한 스트레스는 만병의 근원으로, 특히 위궤양이나 심혈관계 질환을 유발할 가능성이 높습니다.

곶감보다 무서운 변연계

한편 공포는 기억과 관련이 많기 때문에 공포 반응을 알기 위해서 해마와 감정을 담당하는 편도체에 대한 연구도 많이 이루어집니다. 대뇌 변연계는 기쁨, 슬픔 등의 감정뿐 아니라 공포나 분노, 불안과 같은 감정도 담당합니다. 애정과 미움은 종이 한 장 차이라고 했던가요? 사랑의 감정이나 미워하고 분노하게 하는 감정이 모두 같은 곳에서 일어나기 때문에 이러한 말이 과학적으로 타당성을 가지기도 합니다. 즉, 사랑하는 마음이 변연계와 신피질과의 합작품이듯이 미움과 불안도 마찬가지입니다. 인간이 이성의 동물이라고 하지만 많은 인간사가 너무나 감정적인 결정에 의해 일어납니다. 이와 같이 우리가 내리는 결정들이 감정의 영향을 많이 받는 것은 변연계와 신피질이 그만큼 가깝고 서로 연결해서 많은 일을 처리하기 때문에 그리 놀랄 일도 아닙니다.

그럼 갖가지 원인으로 공포를 느끼는 사자에게 오즈의 마법사가 건넨 초록색 약은 무엇이었을까요? 시중에는 스트레스를 치료하기 위한 약으로는 밸리움(Valium)과 리브리엄(Librium)이라는 정신안정제가 나와 있습니다. 중독성이 있다는 이유로 잘 사용하지는 않지만 한때는 스트레스 치료를 위해 마구잡이로 처방된 적이 있었습니다. 안정제라는 약명에서도 알 수 있듯이 이 약은 사람의 기분을 처지게 합니다. 따라서 이러한 약은 스트레스를 이겨내기 위한 마지막 선택이 되어야 합니다. 공포증 치료에 가장 효과적인 것은 공포의 대상과 마주해서 그것을 이겨내는 것으로 이를 '직면기법'이라 합니다. 사자는 도로시 일행과 여행을 통해 덩치 큰 동물을 만나 두려운 상황을 모두 이겨냈습니다. 따라서 오즈를 만나기전 그의 공포증은 이미 치료됐다고 할 수 있을 것입니다.

이야기에서 드러나지만 사자가 먹은 약은 사실 아무것도 아닌 물약입니다. 오즈의 마법사는 단지 물약을 통해 사자에게 플라시보 효과를 불러일으킨 것뿐이죠. 플라시보 효과란 잘 알려졌듯이 독도 약도 아닌, 약리학적으로 비활성인 약품(젖당·녹말·우유·증류수, 생리적 식염수 등)을 약으로 속여 환자에게 주어 유익한 작용을 나타낸 경우를 말하는데요. 현재로서는 비교연구 과정에서 의약품의 치료효과를 평가하기 위하여 사용됩니다. 불교에서는 모든 것이 마음에 있다(唯一心)고 하죠. 오즈의 마법사도 그걸 사자에게 이야기하려고 했던 것 같습니다.

판타지에서 현실로
돌아오는 여행길

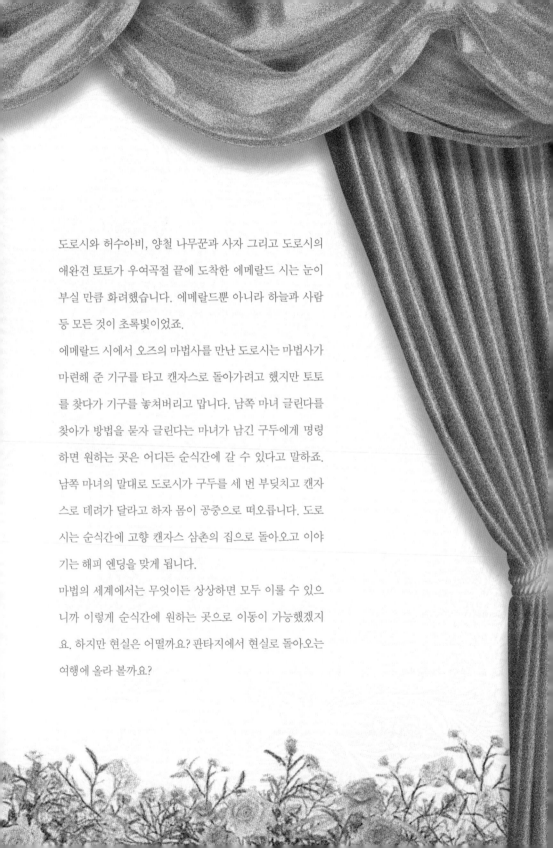

도로시와 허수아비, 양철 나무꾼과 사자 그리고 도로시의
애완견 토토가 우여곡절 끝에 도착한 에메랄드 시는 눈이
부실 만큼 화려했습니다. 에메랄드뿐 아니라 하늘과 사람
등 모든 것이 초록빛이었죠.

에메랄드 시에서 오즈의 마법사를 만난 도로시는 마법사가
마련해 준 기구를 타고 캔자스로 돌아가려고 했지만 토토
를 찾다가 기구를 놓쳐버리고 맙니다. 남쪽 마녀 글린다를
찾아가 방법을 묻자 글린다는 마녀가 남긴 구두에게 명령
하면 원하는 곳은 어디든 순식간에 갈 수 있다고 말하죠.
남쪽 마녀의 말대로 도로시가 구두를 세 번 부딪치고 캔자
스로 데려가 달라고 하자 몸이 공중으로 떠오릅니다. 도로
시는 순식간에 고향 캔자스 삼촌의 집으로 돌아오고 이야
기는 해피 엔딩을 맞게 됩니다.

마법의 세계에서는 무엇이든 상상하면 모두 이룰 수 있으
니까 이렇게 순식간에 원하는 곳으로 이동이 가능했겠지
요. 하지만 현실은 어떨까요? 판타지에서 현실로 돌아오는
여행에 올라 볼까요?

화려한 보석에 담긴 비하인드 스토리

에메랄드로 이뤄진 성은 상상만 해도 아름답고 환상적인 곳이겠죠. 에메랄드 시의 초록빛에 놀랐던 도로시 일행은 머지않아 그들이 본 에메랄드 시가 실제로 초록색이 아니고 일행이 초록색 안경을 썼기 때문에 초록색으로 보였다는 걸 알아냅니다. 오즈의 마법사는 에메랄드 시의 모든 사람들에게 초록색 안경을 쓰게 함으로써 모든 것이 초록색이라고 믿게 했죠. 오즈의 마법사는 도로시 일행이 자신이 사는 곳을 에메랄드로 꾸며진 멋진 곳으로 여겨 주기를 바랐던 모양입니다.

사실 보석을 통해 아름다운 빛을 내고자 하는 것은 오직 오즈의 마법사뿐만이 아니었습니다. 『오즈의 마법사』에는 보석과 관련된 또 하나의 곳이 등장하는데 에메랄드 시의 남쪽에 있는 쿼들링의 나라입니다. 이곳은 도로시를 현실로 돌아갈 수 있도록 도와준 착한 마녀 글린다가 통치하는 곳으로 글린다는 하얀 피부에 빨간 머리를 하고 루비로 만든 왕좌에 앉아 있었습니다. 글린다는 보석이 풍기는 화려함과 고귀함으로 젊고 아름다운 자신의 외모를 더욱 돋보이게 하려고 했던 것 같습니다. 하지만 보석의 화려함 뒤에는 많은 이들의 희생이 있었다는 사실을 알지는 못했겠지요?

■ 에메랄드의 원석과 보석.

세계명작 숨어있는 과학

보석은 그 아름다움과 함께 신비한 힘이 있다고 여겨져 수세기에 걸쳐 치료석(healing stone)으로 사용되어 왔습니다. 사파이어는 눈병에, 루비는 비장과 간장병에, 석영의 일종인 자수정(amethyst)은 뱀한테 물렸을 때 해독제로 쓰였고 월장석(moonstone)은 폐결핵에 효험이 있는 걸로 간주되어 왔습니다. 또한 에메랄드는 하제, 흔히 이야기하는 설사나 이질 때 지사제로 사용되기도 했습니다. 중세 유럽에 페스트가 번졌을 때 갖가지 효험 있다는 보석을 몸에 붙이고 다니기도 했습니다.

한편, 동양에서는 허준의 「동의보감」에 옥가루를 약재로 사용했다는 기록이 있으며, 오늘날에도 많은 사람들이 옥이 들어간 내의나 장신구를 하고 다니는 것을 볼 수 있습니다. 하지만 아직까지 치료석이 어떤 의학적인 효과가 있다고 알려진 경우는 없습니다.

시간을 거슬러 올라가면 문명이 시작된 이래 아름다운 보석에 매료된 이들로부터 보석의 기원에 관한 많은 설이 나왔습니다. 그중에는 보석이 마치 동물과 같이 유성생식을 한다고 주장하는 사람도 있었습니다. 과학의 발달로 미스터리에 싸인 보석 탄생의 궁금증이 모두 풀린 것은 아니지만 오늘날 보석 등의 광물은 지각 내부나 그 밑쪽에서 엄청난 고온·고압의 조건에서 생긴다고 추측하고 있습니다.

흑연과 같이 순수한 탄소로 이루어진 다이아몬드는 모든 보석 중에서 가장 깊은 지하인 맨틀 상층부(지하 140~200km 부근)에서 만들어져서 마그마와 함께 지표로 올라 왔다고 알려졌죠. 따라서 화산 폭발 때 주변으로 흩어지거나 마그마가 관입해서 생긴 화강암의 일종인 킴벌라이트에서 많이 발견됩니다. 킴벌라이트라는 명칭은 남아프리카 킴벌리(Kimberley)의 다이아몬드를 많이 함유한 화성암에 붙여진 이름입니다. 오늘날에도 남아 프리카는 다이아몬드의 최대 산지(産地)로 뽑힙니다.

에메랄드의 최대 산지는 콜롬비아입니다. 에메랄드는 모스경도(독일의 광물학자 모스가 만든 것으로 10가지 표준광물을 굳기 순으로 배열한 것입니다. 광물을 긁어 봄으로써 그 광물의 굳기를 결정하는 기준을 제공합니다)가 7.5로 무르기 때문에 다이아몬드보다 더 희귀하며 무게로 따지면 금보다 몇 배나 비쌉니다.

일반적으로 유럽의 탐험가(또는 약탈자)들은 엘도라도의 전설을 통해 남아메리카에서 '금'만 찾아다닌 것으로 알려졌지만 "1531년 스페인 정복자 피사로가 남아메리카에서 은은 물론이고 다이아몬드와 에메랄드까지 닥치는 대로 약탈해 갔다."는 기록이 있을 만큼 그들의 포획물은 다양했습니다. 마구 채굴하여 산출량이 줄어든 에메랄드 광산들은 정글 속에 묻혀 200년 이상 잊혀 있다가 19세기 말에 다시 한 광산기사에 의해 발견됩니다. 치보르(chivor)와 무조(muzo)라고 하는 에메랄드 광산에서는 약탈과 살인이 끊이지 않아 수천 명 이상의 사람들이 죽기도 했습니다. 콜롬비아는 마약으로 유명하지만 에메랄드는 마약보다 훨씬 치열한 목숨을 건 경쟁을 통해 생산됩니다. 1970년대 소위 녹색전쟁(Green War)으로 불리는 에메랄드 전쟁으로 수천 명의 사람이 목숨을 잃었으며, 1987년부터 5년간 콜롬비아에서는 에메랄드 채굴 경쟁으로 무려 4천여 명의 사람들이 죽었습니다.

상점 진열대의 보석은 열악한 환경에서 수많은 노동자들이 죽어가면서 캐낸 것입니다. 그 보석은 어떤 노동자가 목숨을 걸고 삼켜서 항문으로

변과 함께 나온 것일 수도 있고, 경비원의 총알을 피해가며 도망 나온 노동자가 판 것일 수도 있습니다. 우리는 겨우 '호프 다이아몬드의 저주'라고 불리는 사건으로 몇 명의 서양인이 보석을 얻고자 하는 욕심 때문에 죽음을 맞이했던 사실만 기억할 뿐이지만 실제 광산에서는 상상 외의 많은 노동자들이 죽었습니다. 각각의 보석들은 그들을 캐내기 위해 인생과 목숨을 건 이들의 슬픔이 담겨 그토록 아름다운 빛을 내는지도 모릅니다.

보석에 대해 알아야 할 거의 모든 상식

보석을 거래할 때 사용되는 단위는 캐럿(carat)입니다. 캐럿은 과거 보석을 거래할 때 지중해 연안의 캐로브(carob)라고 불리는 구주콩나무 종자의 무게를 기준으로 한 것에 기원합니다. 하지만 이 종자는 지역마다 약간의 무게 차이가 있어 혼란을 없애기 위해 1907년 국제도량형총회에서 1캐럿을 200mg의 질량으로 정해서 오늘날까지 사용하고 있습니다. 금의 경우에는 24캐럿을 순금으로 하여 18캐럿이면 24분의 18금을 함유한 합금을 의미합니다. 캐럿은 부피를 나타내는 것이 아니라 중량을 나타내기 때문에 같은 캐럿이라도 보석의 밀도가 다르면 부피도 다르게 나타납니다.

갖가지 기술의 발달로 가짜 보석이 횡행하기 때문에 보석을 가려내는 법을 아는 것도 필요합니다. 보석의 진위 여부를 알아보는 방법으로는 보석의 밀도와 경도, 빛에 대한 고유한 성질을 확인하는 방법이 사용됩니다. 밀도는 물질의 특성이기 때문에 보석뿐 아니라 다른 물질들을 구분할 수 있는 특징이 되기도 합니다. 아르키메데스가 목욕를 하다말고 벌거벗고 욕탕 밖으로 뛰쳐나가며 "유레카"라고 외쳤던 것이 바로 밀도를 이용한 최초의 보석 감정 사례라고 할 수 있는데요. 위조 왕관에는 은이 섞여 있어 같은 무게의 순금보다도 부피가 크고 따라서 그만큼 부력(浮力)도 커진다는 '아르키메데스의 원리'를 발견한 일화는 밀도의 첫 발견으로 유명합니다. 밀도와 더불어 '굳기' 또한 보석이 가지고 있는 중요한 성질입니다.

다이아몬드는 아름다움이나 굳기에서 타의 추종을 불허하죠. 학창시절 때 열심히 외웠던 모스경도계에 의하면 금강석인 다이아몬드가 모스경도 10으로 가장 강한 광물입니다. 모스경도는 자연계에서 흔히 볼 수 있는 광물을 기준으로 상대적인 경도를 알기 위한 것으로, 절대경도를 나타내는 누프경도와는 다릅니다. 즉, 9등급의 강옥은 누프경도로 2100이며, 10등급의 다이아몬드는 7000으로 모스경도 1등급과 9등급의 굳기 차

■ 다이아몬드 원석은 투박한 돌멩이에 지나지 않지만 사람의 손을 거친 다이아몬드는 찬란한 광채를 드러냅니다.

10	다이아몬드(금강석)
9	루비·사파이어·강옥
8	규빅
	토파즈
	에메랄드
7	토르말린·자수정
6	타일
	래브로도라이트
	오팔
	터키석
	월장석
5	인회석
	백금
	철
4	산호
	대리석
	진주
	이빨
	동
3	방해석
	알루미늄
	아연
	금
	플라스틱
	손톱
2	마그네슘
	소금
	납
	칼슘
	얼음
1	활석
	흑연
	나트륨
	0℃ 왁스

이보다 9등급과 10등급의 차이가 더 크죠. 보석이 긁히거나 해서 쉽게 손상을 입으면 보석으로서의 가치가 떨어지기 때문에 굳기가 강한 것은 보석의 가치판단에 플러스 요인이 됩니다. 흔히 10등급인 다이아몬드는 가장 단단해서 깰 수 없다고 생각하는 경우가 많은데 꼭 그렇지는 않습니다. 망치보다 큰 해머로 다이아몬드를 내려치면 당연히 부서집니다. 다이아몬드는 다른 광물보다 굳기 때문에 긁히지 않는다는 정도지 부서지지 않는 것은 아닙니다. 굳기가 분명 보석을 판별할 수 있는 기준이 되기는 하지만 이를 보석감정에 잘 사용하지는 않습니다. 왜냐하면 보석의 소유주가 보석을 긁어보는 것을 좋아할 리가 없기 때문입니다.

보석의 성질 중 단연 중요한 것은 빛에 대한 성질일 것입니다. 다이아몬드가 보석의 왕이 될 수 있었던 것도 다이아몬드가 빛을 크게 분산시켜 화려한 광채를 발하기 때문인데요. 사실 다이아몬드의 가치가 높아진 것도 이러한 광채를 발할 수 있는 다이아몬드 컷팅(세공) 기술이 개발되고 난 후입니다. 흔히 가짜

다이아몬드 또는 큐빅이라고 불리는 큐빅 지르코니아(cubic zircornia)는 다이아몬드와 모든 면에서 거의 흡사한 모조 보석입니다. 굴절률마저 다이아몬드와 비슷하기 때문에 화려한 광채를 내는 것도 마찬가지죠. 다만 합성으로 대량생산이 가능하기 때문에 가격은 다이아몬드의 몇백 분의 일도 미치지 못합니다.

　　과학수업을 충실히 들은 사람이라면 방해석이라는 이름을 듣게 되면 복굴절을 떠올릴 것입니다. 잠시 설명하면 복굴절은 말 그대로 굴절을 두 번 일으켜 광물을 통과한 빛이 두 갈래로 진행하게 만드는 것이죠. 따라서 복굴절 광물 아래의 글자를 보면 글자가 두 개로 보입니다. 학교에서 수업

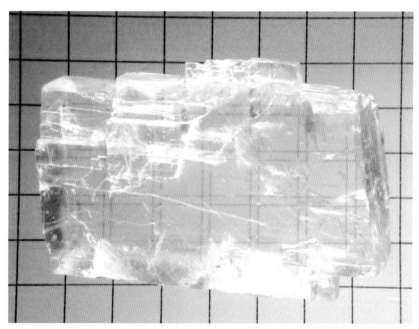

■ 복굴절을 일으키는 방해석. 복굴절을 통해 바탕면의 격자무늬가 2겹으로 보이게 됩니다.

을 할 때는 주로 방해석을 예로 들지만 사실 일상생활에서는 방해석을 보기 힘듭니다. 그보다는 에메랄드나 루비, 사파이어 등을 구해서 실험해 보기 쉬울(?) 것입니다. 혹시 집에 이러한 보석이 있다면 당장 꺼내서 확인해 보세요.

색이 있는 물체들은 모두 백색광 중 특정 파장의 빛을 흡수하기 때문에 색을 나타내게 됩니다. 루비에 섞여 들어간 크롬에 의해 루비는 붉은색을 띠게 됩니다. 사파이어는 철이나 티탄이 포함되어 황색, 녹색, 자청색등의 여러 가지 색을 나타내는데요. 에메랄드에 포함된 크롬은 루비와 달리 에메랄드를 녹색으로 빛나게 합니다. 이는 루비와 에메랄드의 결정구조 차이에 의해 크롬이 흡수하는 파장이 다른 데서 기인합니다.

마법 구두로 뾰로롱! 누구 맘대로? 도로시 맘대로

영화에서 보면 과학적인 근거가 없는 픽션(fiction)은 판타지에 지나지 않지만 아무리 픽션이라도 과학적인 근거를 가지게 되면 SF로 분류가 가능해집니다. 순간이동을 예로 들어볼까요. 판타지에서는 '마법에 걸렸다'는 것 이외에는 어떠한 설명도 없지만 SF에서는 부족하기는 하지만 과학적인 설명을 통해 순간이동의 가능성을 조심스럽게 이야기합니다. 〈리니지〉와 같은 판타지에서는 포탈(portal)이라 불리는 마법의 문이, SF영화 〈플라이〉나 〈스타트랙〉에서는 특별한 기계장치들이 순간이동을 가능하게 해 줍니다. 물론 순간이동에 대한 과학적인 설명이 있다고 하여 순간이동이 가까운 미래에 실현될 것이라는 이야기는 아닙니다.

순간이동은 아직까지 마법의 세계에서나 가능하며 과학적 가능성에 대한 의견이 분분한 상태에서 언제 가능하게 될지도 모릅니다. 하지만 과학적으로 불가능하지 않은 것은 언젠가는 이루어지는 법이니 기다려 볼만은 하겠죠.

순간이동에 대해 논의하기 위해서는 난해하기 그지없는 양자역학이라는 이론에 대해 알 필요가 있습니다. 노벨상 수상 물리학자 리차드 파인만조차 "양자역학을 정확하게 이해한 사람은 아무도 없다."라고 할 만큼 양자역학은 이상한 이론입니다. 이렇게 이상하다고 하는 것은 일상 경험과 전혀 맞지 않는 일들이 양자역학의 세계에서 일어나기 때문인데요. 예를 들면 양자역학의 세계에서는 집을 나갈 경우 문을 열고 나가는 것이 아니라 벽을 뚫고 지나가는 일이 가능합니다. 또한 "집안에 사람이 있기도 하고 없기도 하다."라는 말이 틀리지 않은 표현이 됩니다. 사람이 있으면 있고 없으면 없지 어떻게 그 상황이 중첩될 수 있다는 것일까요? 이렇듯 기묘한 세상이 바로 양자역학의 세계입니다. 순간이동을 위해 그 어렵다는 양자역학을 설명하는 이유는 이러한 기묘한 양자의 특성을 이용해야만 순간이동이 가능하다고 이해할 수 있기 때문입니다.

그렇다면 양자역학의 세계에서 가능한 일들이 왜 일상생활에서는 일어나지 않는 것일까요? 그것은 양자역학이 원자와 같이 아주 작은 세상을 지배하는 법칙이기 때문입니다. 그렇다고 양자역학이 거시적인 세계에서는 틀렸다는 것이 아니라 그 효과가 잘 나타나지 않을 뿐입니다.

양자역학 이전에는 물질이나 에너지가 연속적인 분포를 보인다고 생

각했습니다. 즉, 에너지는 1, 2와 같은 정수 값뿐 아니라 어떤 소수 값도 가질 수 있다고 믿었습니다. 하지만 양자역학에서는 물질이나 에너지가 최소한의 기본 값보다 작은 값은 가질 수 없습니다. 따라서 빛은 연속적인 흐름으로 보이지만 광자라고 하는 엄청나게 많은 알갱이들의 흐름이라는 것이며, 빛의 최소 값은 광자 한 개인 것입니다. 이렇게 물질이나 에너지의 가장 기본 알갱이를 양자라고 합니다.

조금 전에는 광자가 빛의 가장 작은 알갱이라고 설명했지만 이를 당구공과 같은 알갱이라고 상상해서는 곤란합니다. 광자는 알갱이이기도 하지만 동시에 소리와 같은 파동이기도 하기 때문입니다. 빛은 입자이면서도 동시에 파동이며, 이러한 빛의 이중성은 빛이 입자인지 파동인지에 대한 오랜 세월의 논쟁에 대한 최종적인 결론입니다.

도로시도 양자역학을 알았을까?

물질이 입자인 경우에는 상관없지만 파동인 경우에는 재미있는 현상이 발생합니다. 하나의 파동은 다른 여러 개의 파동으로 나타낼 수 있는데 이를 양자역학에서는 중첩이라고 합니다(슈뢰딩거의 파동방정식에 의하면 입자들은 동시에 여러 개의 상태를 가질 수 있는데 이를 중첩이라고 합니다). 관측자에 의해 관측이 되기 전에 입자는 여러 개의 상태를 가질 수 있습니다. 일례로 방안에 있는 아이는 공부를 하고 있을 수도 있고, 컴퓨터 게임을 하거나 잠을 잘 수도 있습니다. 방안에 있는 아이는 이러한 여러 가지 가능성이 중첩된 상태로 나타나는 것입니다. 하지만 엄마가 방문을 열고 아이의 상태를 관찰하는 순간 아이의 상태는 여러 가지 가능성 중에서 하나로 결정되는 것입니다. 방문을 열기 전에 아이는 공부하고 있기도 하고, 컴퓨터 게임이나 잠을 자고 있기도 합니다. 이는 단순한 궤변이 아니라 양자역학의 결론이며, 이해가 되지 않는다면 그냥 그렇다고 생각하면 됩니다.

그럼 이제 여기서 아이가 한 명이 아니라 일란성 쌍둥이라고 생각해 보죠. 한 명은 태어나자마자 멀리 외국으로 입양을 가 있습니다. 두 명의 단순한 쌍둥이가 아니라 모든 것이 동일한 쌍둥이입니다. 한 명이 공부를 하면 다른 한 명도 공부를 하고, 하나가 아프면 다른 하나도 아픕니다. 이럴 경우 어떤 일이 발생할까요? 방문을 여는 동시에 멀리 외국에 입양 가 있는 다른 한 명의 상태도 결정되는 것입니다. 국내에 있는 한 명의 방문을 여는 동시에 외국에 있는 다른 쌍둥이의 상태도 결정되는 것입니다. 이

를 EPR 역설이라고 하는데, 아인슈타인이 양자역학의 모순을 지적하기 위해 제시한 것입니다. 아인슈타인은 동시에 태어난 광자(같은 파동함수를 가진 상태를 말합니다)를 멀리 떨어뜨린 후에 하나의 광자를 관측하면 다른 하나의 광자의 상태에도 영향을 주는데, 이는 있을 수 없는 일이라고 했습니다. 두 광자가 만약 1광년의 거리에 떨어져 있더라도 양자역학은 하나의 광자 상태가 결정되면 그 순간 다른 광자의 상태도 결정이 되는데, 상대성 이론에 의하면 빛보다 빨리 움직일 수 있는 것은 없기 때문입니다.

하지만 아이러니하게도 아인슈타인이 양자역학이 틀렸음을 증명하기 위해 제시했던 EPR 역설은 오히려 양자역학이 틀리지 않았음을 알려주는 계기가 되었습니다. 즉, 아인슈타인이 사고실험으로 제시했던 EPR 역설이 실험을 통해 역설이 아니라 사실로 밝혀졌던 것입니다. 1964년 아일랜드의 물리학자 존 벨은 연구를 통해 EPR 역설이 역설이 아니라고 주장하였고, 1980년 프랑스의 물리학자 알랭 아스페의 실험으로 존 벨의 연구가 옳았다는 것이 증명되었습니다. 이후 각국의 과학자들은 얽혀 있는 광자를 원격 이동시키는 실험을 성공시켰고, 이제는 광자의 원격이동은 더 이상 놀라운 일이 아니게 되었습니다.

　하지만 아쉽게도 광자를 원격이동시켰다고 원격이동이 실현된 것은 아닙니다. 광자 원격이동에서 실제로 이동시킨 것은 광자가 아니라 광자의 정보이기 때문입니다. 양자 얽힘 현상에 의해 순간이동이 가능하다고 해서 아인슈타인의 상대성 이론이 틀렸다고 증명된 것도 아닙니다. 여전히 빛보다 빨리 갈 수 있는 물체가 없다는 것은 옳습니다. 광자의 순간이동에서 이동한 것은 광자가 아니라 광자의 정보라는 것을 명심해 둘 필요가 있습니다. 물질 자체를 순간이동시킨 것은 아니라는 것입니다.

　따라서 이 이론을 도로시의 귀향에 결부시킨다면 도로시의 귀향은 도로시가 이동한 것이 아니라 도로시를 구성하고 있는 양자들의 정보가 이동한 것이라는 뜻이 됩니다. 도로시에 대한 정보가 이동되어 도로시가 새로 조립되는 것이 순간이동의 원리입니다. 그렇다면 새로 조립되는 도로시는 원래의 도로시와 동일할까요? 물론 물질적으로는 완전 동일합니다. 하지만 영혼을 믿는 사람들의 경우 영혼은 어떻게 될 것인가에 대한 의문이 남을 것입니다. 사실 이것에 대해서는 아직 아무것도 모른다고 해야 할 것입니다. 영혼이 있는지, 있다면 어디에 있는지도 알지 못합니다. 우리의 인체를 구성하는 모든 원자를 조립하면 영혼이 창발적으로 나타나는 것인지, 아니면 우리 몸을 껍질로 이용해 영혼이 잠시 왔다가 가는 것인지 알 수 없습니다. 순간이동을 통해 이러한 문제에 대한 답도 알 수 있을지 모르지만 아직까지는 기술적으로 너무나 먼 미래의 이야기일 수밖에 없습니다. 도로시가 순간이동 도중 마법 구두를 잃어버린 것이 너무나 아쉬울 따름입니다.

앨리스가 도착한
'이상한 나라' 는 어디인가?

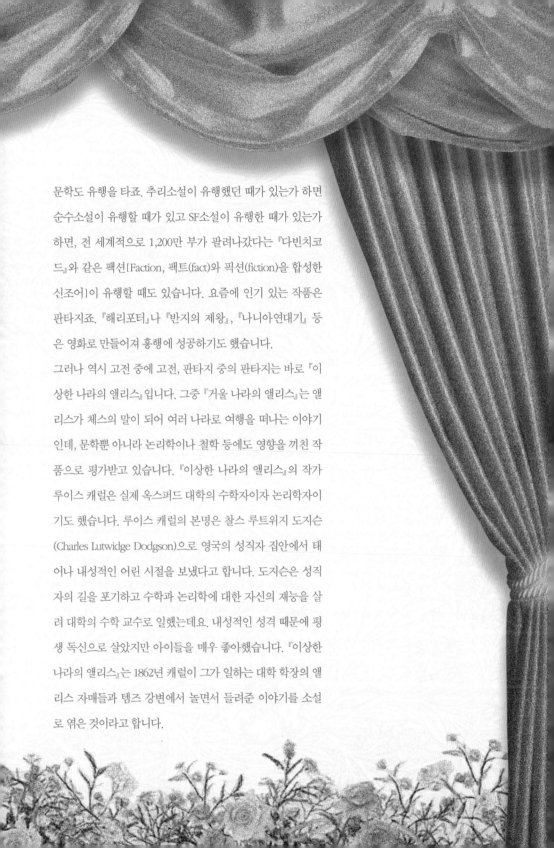

문학도 유행을 타죠. 추리소설이 유행했던 때가 있는가 하면 순수소설이 유행할 때가 있고 SF소설이 유행한 때가 있는가 하면, 전 세계적으로 1,200만 부가 팔려나갔다는 『다빈치코드』와 같은 팩션[Faction, 팩트(fact)와 픽션(fiction)을 합성한 신조어]이 유행할 때도 있습니다. 요즘에 인기 있는 작품은 판타지죠. 『해리포터』나 『반지의 제왕』, 『나니아연대기』 등은 영화로 만들어져 흥행에 성공하기도 했습니다.

그러나 역시 고전 중에 고전, 판타지 중의 판타지는 바로 『이상한 나라의 앨리스』입니다. 그중 『거울 나라의 앨리스』는 앨리스가 체스의 말이 되어 여러 나라로 여행을 떠나는 이야기인데, 문학뿐 아니라 논리학이나 철학 등에도 영향을 끼친 작품으로 평가받고 있습니다. 『이상한 나라의 앨리스』의 작가 루이스 캐럴은 실제 옥스퍼드 대학의 수학자이자 논리학자이기도 했습니다. 루이스 캐럴의 본명은 찰스 루트위지 도지슨(Charles Lutwidge Dodgson)으로 영국의 성직자 집안에서 태어나 내성적인 어린 시절을 보냈다고 합니다. 도지슨은 성직자의 길을 포기하고 수학과 논리학에 대한 자신의 재능을 살려 대학의 수학 교수로 일했는데요. 내성적인 성격 때문에 평생 독신으로 살았지만 아이들을 매우 좋아했습니다. 『이상한 나라의 앨리스』는 1862년 캐럴이 그가 일하는 대학 학장의 앨리스 자매들과 템즈 강변에서 놀면서 들려준 이야기를 소설로 엮은 것이라고 합니다.

지구에는 몇 시간 동안 떨어질 수 있는 구멍이 존재하나?

『이상한 나라의 앨리스』에서 앨리스가 이상한 나라로 가 여러 가지 모험을 할 수 있었던 것은 언덕에서 흰 토끼를 따라가다 토끼굴에 빠졌기 때문입니다. 이 이상한 토끼굴은 여느 굴과는 달라 토끼가 겨우 들어갈 수 있을 정도로 작은 것이 아니라 앨리스가 들어갈 만큼 큰 굴입니다. 이 이상한 굴에 빠지면서 앨리스의 모험이 시작됩니다.

그렇다면 이상한 나라는 굴 속에 있는 것일까요? 그럴 수도 있지만 이미 앨리스는 조끼를 입고 시계를 꺼내 보는 토끼를 본 순간 벌써 이상한 나라에 발을 들여놓은 듯이 보입니다. 따라서 이상한 나라는 굴 속에 있는 것이 아닐 수도 있습니다. 이상한 나라에서 토끼가 이 세계로 잠시 나왔다고 생각할 수도 있고요. 과연 이상한 나라는 어디에 있는 것일까요?

구멍 속에 계속 떨어지면서 앨리스는 구멍이 아주 깊거나 아주 천천히 떨어진다고 여겼습니다. 앨리스는 떨어지고 또 떨어지죠. 앨리스는 떨어지는 도중 이런저런 생각을 하게 되는데, 계속 떨어져 지구 중심 어디쯤 떨어지고 있을지도 모른다는 생각을 합니다. 그러다가 계속 떨어지게 되면 지구 반대편으로 떨어져 머리를 거꾸로 해서 걷는 사람들이 있는 곳으로 떨어지는 것은 아닐까 하는 재미있는 생각도 합니다. 그리고도 또 떨어져 결국은 졸릴 정도가 되자 잔가지와 낙엽이 쌓인 곳에 떨어지게 됩니다.

이론상으로 앨리스는 지구 내부 어딘가에 있는 이상한 나라에 떨어진 것이 됩니다. 땅 속이나 동굴 속은 예로부터 어떤 신비함이 깃들여 있는 장소로 여겨졌는데 어두운 굴을 따라 가면 다른 세계로 연결될지도 모른

이상한 나라로 가는 하수구

다는 고전적인 믿음이 남아 있
는 곳입니다. 하지만 지구
내부에 또 다른 세상이 있
을지도 모른다는 생각은
작가인 루이스 캐럴이 처음
한 것은 아닙니다. 그리스신
화에 의하면 지하는 명계(冥
界)의 신 하데스가 지배하는 죽은
자의 나라이며, 동양에서는 지옥이 있는
장소입니다. 또한 쥘 베른과 에드가 라이스

■ 지구 공동설 상상도.

버로우와 같은 소설가들은 지하세계를 배경으로 한 소설을 써 큰 인기를
얻기도 했습니다.

　　하지만 신화나 소설이 아니라 실제로 지구 내부에 지상과 다른 문명
이 있다고 생각한 사람들도 있었습니다. 그들은 지구가 암석으로 꽉 차 있
는 것이 아니라 내부가 비어 있고, 내부에 조그만 태양이 있어 생물이 살
수 있는 공간이 있다고 주장했습니다. 이러한 주장을 '지구 공동설(The
Hollow Earth Thepry)' 이라고 하는데, 뉴턴의 친구이자 핼리 혜성의 발견
자인 에드먼드 핼리(Edmund Halley)가 제창한 것입니다. 에드먼드 핼리
는 천문학자로 유명하지만 그 당시의 많은 다른 과학자들과 마찬가지로
천문학에만 관심을 가진 것이 아니었습니다(위대한 물리학자 뉴턴은 물
리학보다 연금술에 많은 시간을 보내기도 했죠).

　　핼리는 지구 자기장 연구를 통해 지구의 땅 속에 별개의 자장을 가지고 있는 또 다른 땅이 존재한다는 가설을 세우고, 1692년 영국 왕립학회에서 자신의 이론을 발표합니다. 핼리는 지하세계에 존재하는 세 개의 다른 세계들은 대략 금성과 화성 크기의 껍질과 수성 크기의 구조로 이루어져 있다고 주장했습니다. 또한 북극광이 얇은 북극층을 뚫고 지하세계에서 새어나온 빛이라고 설명했습니다. 지구 공동설의 또 다른 지지자로는 '오일러의 정리'로 유명한 스위스의 수학자 오일러(Leonhard Euler)가 있습니다.

지구 공동설을 가장 널리 전파한 이는 전쟁 영웅으로 유명한 미국의 존 클리브 시메스(John Cleve Symmes)였습니다. 시메스는 지구의 내부는 다섯 개의 세계로 이루어져 있으며, 지구의 양극이 수천 마일이나 열려 있다고 주장했습니다. 그는 시메스 홀이라 부르는 거대한 구멍들을 통해 생존에 필요한 물이 지하세계로 끊임없이 흘러들고 있다고 주장했으며, 한때 인공위성에서 찍은 사진 중에 검게 보이는 부분이 있어 이러한 주장에 힘을 실어 주기도 했습니다(하지만 전문가들에 의하면 이 사진은 조작된 것일 가능성이 많다고 합니다). 1926년 미국 해군으로 최초로 북극횡단 비행에 성공하고 3년 뒤에는 남극횡단 비행도 성공한 리처드 버드는 비행일지를 통해 남극점을 지나 물이 얼지 않은 거대한 호수를 봤다거나 지구 내부로 들어가 신비한 경험을 했다는 기록을 남기기도 했습니다. 이러한 내용은 당시에는 군사기밀이었기 때문에 공개될 수 없었다고 합니다. 또한 2차 세계 대전 당시 독일의 나치가 지구 내부로 가는 입구를 찾기 위해 탐사대를 보내기도 했다는 등 지구 공동설에 대한 끊임없는 소문과 음모설이 떠돌고 있는 실정입니다.

지구 공동설을 주장하는 사람들의 요지는 이렇습니다. "북극의 얼음들은 소금물이 아니라 물로 되어 있다." "북극 부근의 동물들은 추운 겨울에 북극 쪽으로 이동한다." "지구는 생각보다 가볍다." 이뿐만 아니라 지구 공동설을 주장하는 어떤 사람들은 비행접시가 지구 내부에서 온 것이라거나, 인간들의 마음을 조종한다거나 하는 황당한 주장을 하기도 합니다.

그러나 아무리 지구 공동설에 관한 많은 주장이 있어도 아직까지 거대한 구멍 같은 것은 발견되지 않습니다. 1909년 피어리가 북극을, 1911년에 아문센이 남극을 탐사했지만 그러한 구멍은 없었다고 발표했습니다. 이때 지구 공동설의 지지자들은 이 구멍이 얇은 얼음 층으로 막혀 있어 평소에는 보이지 않는다는 논리로 계속 구멍의 존재를 고집했습니다. 하지만 1958년 8월 노틸러스호가 북극점을 통과하고, 1959년 3월 원자력 잠수함 스케이트(Skate)호가 얼음을 뚫고 북극점 위로 솟아올랐습니다. 하지만 이 두 잠수함 모두 북극점 아래에서 지하로 연결되어 있다는 어떠한 구멍도 발견하지 못했습니다.

여러 가지 증거로 보아 지구 내부가 비어 있을 가능성이 없다는 것이 거의 명확해졌지만, 아직 아무도 지구 내부로 들어가 보지 못했기 때문에 내부가 확실히 어떻게 생겼다고 단정 지어 말할 수 없다고 생각하는 사람들도 많습니다. 하지만 지진파와 같이 지구 내부를 조사할 수 있는 수단을 이용한 조사에서 나타난 여러 가지 물리적인 증거를 살펴보면 지구 내부가 비어 있을 가능성은 거의 없습니다. 항상 어떤 이론에 대해서나 마음을 열어둘 필요는 있지만 그렇다고 가능성이 거의 없는 일을 억지로 믿을 필요는 없겠지요.

　　앨리스가 떨어진 굴은 단순한 땅 속 구멍은 아닐 것입니다. 만약 평범한 구멍이라면 앨리스는 너무 빨리 떨어져 낙엽이 쌓인 곳에 떨어졌다고 하더라도 살아남지 못했을 것이기 때문입니다. 지구에는 지구 중심방향으

🕐 앨리스의 이상한 나라 찾기

지구의 내부

지각
맨틀
외핵
내핵
5,150km
6,370km
2,900km
8~75km

로 중력이 작용하는데, 중력 때문에 지구 중심으로 떨어질수록 점점 속력이 빨라지게 됩니다. 앨리스가 비행기에서 떨어졌다면 아무리 낙엽을 쌓아 놓았다고 하더라도 무사하지는 못했을 것입니다. 대체적으로 높다고 생각되는 비행기의 고도(대략 10km 이내)도 지구 중심까지의 거리(6,370km)에 비하면 아주 낮다고 할 수 있습니다. 물론 지구 중심까지 떨어진 것이 아니라 땅 속 어딘가로 생각할 수도 있지만 앨리스가 금방 떨어지지 않았기 때문에 상당한 깊이라는 것은 분명합니다.

앨리스는 떨어지면서 굴 속 벽에 장식된 찻장과 책꽂이를 구경하는 여유를 보이기도 하는데요. 만약 공기의 저항을 고려하지 않는다면 앨리스가 떨어질 때 속도는 낙하 시작 10초 후 시속 350km 정도가 됩니다. 이 정도의 속력이라면 박찬호 선수가 던지는 야구공 속력의 두 배에 해당하는 빠르기입니다. 단지 10초 정도 떨어져도 이 정도인데, 지겨울 정도로 떨어졌으니 아무리 낙엽이 쌓여 있어도 무사할 수는 없었겠죠.

그렇다면 앨리스가 지구 내부 어디에 떨어진 것이 아니라 지구를 관통하는 운동을 하게 됐다면 어떨까요? 앨리스는 토끼 굴 속으로 떨어진 다음 반대쪽 표면에 도착하게 될 것입니다. 단지 여기서는 지구 내부로 떨어진 앨리스가 어떤 운동을 하는가만 이야기하는 것입니다. 지구 내부의 질량 분포를 균일한 것으로 가정하죠. 균일하지 않다면 중력가속도의 값이 계속 바뀌기 때문에 계산이 아주 복잡해집니다. 앨리스는 지구 중심을 통과할 때까지 점점 속력이 증가하고 이후에는 감소하여 반대편에 다다르면 정지했다가 다시 중심으로 떨어지는 단진자운동을 하게 됩니다. 따라서 앨리스가 지구 반대편에서 밖으로 빠져 나오지 못했다면 그녀는 다시 반대 방향으로 떨어져 원래 떨어졌던 위치로 돌아오게 됩니다. 물론 이것은 공기 저항을 고려하지 않았을 때의 이야기입니다. 공기의 저항을 고려하게 되면 불쌍한 앨리스는 계속 왕복운동을 하다가 결국에는 중심에서 멈춰 오도 가도 못하는 신세가 될 것이기 때문입니다. 만약 마찰이 없다면 앨리스는 놀이공원의 바이킹처럼 계속 지구 속에서 왕복운동을 하게 될 것입니다.

땅 속으로 갈수록 앨리스에게 가해지는 중력은 약해집니다. 발 아래에 있는 땅 전체가 그 사람에게 작용한 힘이 지구의 중력이며 땅 속으로 들어 갈수록 그 부피가 줄어들어 중력도 줄어들기 때문입니다. 중력이 줄어든다고 속력이 줄어드는 것은 아니며 속력의 증가하는 비율 즉, 가속도 값이 줄어드는 것뿐입니다. 따라서 앨리스가 지구 중심까지 가기 전까지 속력은 계속 증가하게 됩니다. 지구 중심에 도달하게 되면 앨리스 아래에는 아무것도 없기 때문에 중력가속도는 0이 됩니다. 따라서 중심을 통과하게 되면 중력가속도의 방향이 운동 방향과 반대가 되기 때문에 시간이 지날수록 속력이 줄어들게 됩니다. 앨리스가 지구 중심을 무사히 통과하게 된다면 그녀는 약 42분 후 지구 반대편에 도달하게 될 것입니다.

지구 반대편까지 소요되는 시간이 서울에서 부산까지 가는 데 걸리는 시간보다 적게 걸리기 때문에 이러한 교통수단이 등장한다면 환상적일 것입니다. 하지만 이러한 여행은 소설이나 영화 속에서나 가능할 뿐 현실적으로는 이루어지기 어렵습니다. 첫 번째로 12,000km가 넘는 기다란 터널을 뚫어야 하는데, 현재의 기술로는 터널 길이의 1/1,000 정도밖에 뚫을 수 없습니다. 지금까지 시추한 가장 깊은 터널도 12,000m밖에 안 됩니다. 콜라 반도에 있는 이 터널을 뚫는 데 구소련은 무려 19년이나 걸렸습니다. 터널을 뚫는 속력은 깊이 들어갈수록 느려지지만 일정하게 팔 수 있다고 하더라도 12,000km를 파기 위해서는 2만 년이나 걸린다는 계산이 나옵니다. 2만 년이 넘는 시간을 보고 여기에 투자할 기업이나 국가가 있을까요? 두 번째는 지구 내부를 관통하기 위해서는 고온·고압의 환경과 싸워야 합니다. 지구 중심의 온도는 6,000℃ 가까이 되는데, 이 같은 온도에서 견뎌 내는 차량은 만들기조차 어렵습니다.

앨리스가 지구 중심 가까이 있다면 살아날 방법은 없습니다. 또한 지구 중심까지 중력이 반대방향으로 작용해 앨리스를 보호해 줄 수 있는 어떤 구역(중력이상의 지대)이 존재하지도 않습니다. 따라서 앨리스가 깊은 구멍에 떨어졌다면 더 이상의 모험은 할 수 없을 것으로 봐야 할 것입니다.

블랙홀 속으로 빨려 들어간 앨리스

이상의 논의에서 봤듯이 이상한 나라가 지구 내부에 있을 가능성은 적어 보입니다. 그렇다면 혹시 앨리스가 웜홀과 같이 순간이동이 가능한 통로를 통해 다른 우주로 여행을 다녀왔다고 가정해 보는 것은 어떨까요?

〈리니지〉와 같은 많은 판타지 게임에는 포탈이라는 것이 등장해서 유닛이 순간적으로 이동하는 것을 가능하게 해 줍니다. 2005년에 개봉해서 인기를 끌었던 〈하울의 움직이는 성〉에도 다른 공간으로 순식간에 이동할 수 있는 마법의 문이 등장합니다. 『이상한 나라의 앨리스』에 등장하는 토끼굴도 다른 공간으로 이동할 수 있는 통로라고 생각해 보는 건 어떨까요.

■ 지구와 베가(직녀성) 사이의 웜홀 발생 가상도. 지구와 베가는 25광년이나 떨어진 거리에 있습니다. 하지만 두 공간을 잇는 웜홀이 발생하면 지구 우주선은 매우 단축된 시간에 두 공간을 왕복할 수 있을 것입니다.

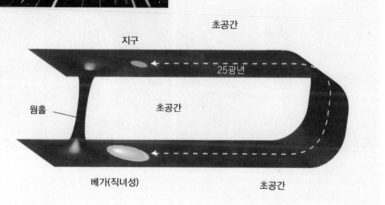

이렇게 다른 장소로 이동할 수 있게 해주는 토끼 굴은 웜홀(wormhole, 벌레 구멍 정도로 해석할 수 있겠네요)일 가능성이 많습니다. 웜홀이란 순식간에 다른 우주로 이동할 수 있는 통로를 이야기하는 것으로 명칭은 존 휠러라는 과학자가 만들어 낸 것입니다(휠러가 이 동화를 읽어봤다면 버니홀(bunny hole)이라 지었을지도 모를 일입니다). 웜홀은 우주공간의 두 지점을 이어주는 지름길을 말합니다. 벌레가 사과 표면의 한쪽에서 다른 쪽으로 이동할 때 표면으로 기어가는 것보다 파먹은 구멍을 뚫고 갈 때 더 빨리 도착한다는 점에 착안하여 지어진 이름입니다. 한마디로 웜홀은 아무리 멀리 떨어진 우주까지도 순식간에 이동할 수 있게 해주기 때문에 그야말로 마술과 같은 곳입니다.

■ 아인슈타인-로젠 다리 이미지.
블랙홀의 내부에 다른 곳과 연결되는 다리가 있을 것이라고 주장했던 아인슈타인과 로젠은 사진과 같은 아인슈타인-로젠 다리를 상상했고 이것은 추후 웜홀과 같은 것으로 확인됩니다.

세계명작 속에 숨어 있는 과학

웜홀이 처음 등장하게 된 것은 아인슈타인의 블랙홀 연구로 거슬러 올라가게 됩니다. 아인슈타인과 로젠은 블랙홀의 내부에 다른 곳과 연결된 곳이 있다는 것을 발견했고, 이를 아인슈타인-로젠 다리(The Einstein-Rosen Bridge)라고 명명했습니다. 이 아인슈타인-로젠 다리가 바로 웜홀인 것입니다. 일반적으로 블랙홀은 입구가 되고 화이트홀은 출구가 됩니다. 블랙홀은 빨리 회전하면 회전할수록 웜홀을 만들기 쉽고 전혀 회전하지 않는 블랙홀은 웜홀을 만들 수 없습니다. 하지만 화이트홀의 존재가 증명된 바 없고, 블랙홀의 기조력(조석이나 조류운동을 일으키는 힘) 때문에 진입하는 모든 물체가 파괴되어서 웜홀을 통한 여행은 수학적으로만 가능할 뿐입니다.

따라서 토끼 굴이 일종의 웜홀이라면 이상한 나라로 앨리스를 이동시켜 준다고 하여도 하나도 이상할 것이 없지만 앨리스가 그 웜홀을 통과할 때 안전하게 이동하리라고는 누구도 장담할 수 없습니다. 블랙홀은 엄청난 중력으로 모든 것을 빨아들이는 검은 구멍입니다. 이곳으로 들어간 것은 설사 그것이 빛이라 하더라도 다시 이 세상으로 나오지 못하는 것으로 알려져 있습니다. 앨리스가 웜홀을 이용하기 위해 이 속으로 들어간다면 엄청난 중력이 앨리스를 마치 엿가락처럼 길게 늘여 버릴 것입니다. 영화나 만화 속에서는 이러한 장면을 사람을 길게 늘여놓은 것으로 표현하지만 실제로 이렇게 잡아당겨진다면 얼마나 끔찍할지는 여러분의 상상에 맡깁니다.

문제는 여기서 그치지 않습니다. 이렇게 엄청난 중력을 견딜 수 있다손 치더라도 이렇게 형성되는 웜홀의 입구는 순식간에 닫혀 버립니다. 이 웜홀은 너무 순식간에 사라지기 때문에 아무것도 심지어 빛조차도 이 속으로 들어갈 수 없을 정도입니다. 이렇게 빨리 사라지는 입구를 토끼나 앨리스가 뛰어들어갈 수는 없습니다. 입구가 없다면 그 속으로 들어갈 방법이 없으니 이를 통한 여행은 한낱 허상에 불과할 것입니다.

🕐 웜홀 통과는 어려워

하지만 이를 이용할 수 있는 과학적인 방법을 찾아낸 사람이 있으니, 바로 캘리포니아 공과대학(Caltech)의 킵 손이라는 과학자입니다. 킵 손은 친구인 칼 세이건이 소설 『콘택트』(동명의 영화도 이 소설이 원작입니다)에서 웜홀을 이용한 이동이 가능한지를 묻자 이것을 그의 제자와 함께 연구했다고 합니다. 이 연구에서 킵 손은 웜홀의 입구를 '별난 물질'로 열어두고 그 속으로 들어가 우주여행을 할 수 있음을 설명합니다. 단 별난 물질이 웜홀 속에서 엄청난 중력을 견디면서 이를 계속 열어둘 수 있어야 합니다. 이러한 조건을 만족시키는 물질은 '0'보다 작은 질량을 가진 물질이라야 합니다. 즉, 음(-)의 에너지를 가진 물질이 별난 물질이 되는 것입니다. 이러한 물질을 웜홀 속으로 공급해 주면 별난 물질은 웜홀의 벽을 밀어붙여 통로를 계속 열어두게 되는 것입니다. 혹 별난 물질을 반물질과 혼동할지도 모르겠습니다. 하지만 별난 물질은 반물질과 전혀 다른 것입니다. 반물질은 물질과 모든 것이 동일하며 단지 전하나 자기모멘트가 반대인 반입자로 구성된 물질입니다. 반물질은 주변에서 만나기 어려울 뿐이지 실험실에서 만들 수 있지만 별난 물질은 아직 만들어 내지 못했습니다.

여하튼 이론적으로는 웜홀을 이용해 순식간에 다른 곳으로 이동할 수 있다는 것은 분명합니다. 아직까지는 웜홀을 이용해 이동하는 것은 SF의 영역이기는 하지만, 이를 상상해 보는 것만으로 많은 재미를 느낄 수 있다면 그것으로 충분합니다. 지금까지 불가능한 것들이 현실화 된 것이 하나둘이 아니듯이 언젠가는 웜홀도 가능해질지 모릅니다. 우리도 이상한 나라로 갈 날이 올까요?

환각은 모든 것을 가능하게 한다?

무! 앨리스가 환각 버섯을 먹었다고?

이상의 논의에서 앨리스가 토끼 굴을 통해 순식간에 이상한 나라로 이동하는 것은 현실적으로 어렵다는 것을 알았을 것입니다. 그렇다고 벌써 이상한 나라를 찾는 것을 포기하기는 이릅니다.

동화를 자세히 읽어 보면 이상한 나라는 멀리 있는 것이 아니라 주변에 항상 있었다는 것을 알게 됩니다. 동화 속에서 앨리스는 토끼를 따라 이상한 나라로 들어가 탁자 위에 놓인 물약을 마시고 키가 25cm로 줄어드는 경험을 합니다. 앨리스는 혹시나 물약이 독극물이 아닌가 하고 조심스러워 하지만 약의 성분이 무엇이지도 모른 채 먹습니다. 다른 장에서 앨리스는 케이크를 먹고 키가 280cm도 넘게 자라기도 합니다. 앨리스는 약과 케이크, 버섯 등 이상한 나라에 있는 것들을 닥치는 대로 먹는 바람에 자신도 정신을 차리지 못할 정도로 빠르게 키가 늘었다가 줄어듭니다. 이렇게 무언가를 먹은 앨리스가 커졌다 줄어드는 과정 속에서 우리는 이상한 나라의 단서를 찾을 수 있습니다.

버섯을 먹은 후에도 순식간에 앨리스의 키가 커지고 줄어드는 장면이 나옵니다. 이외에도 앨리스만큼 키가 큰 버섯 위에서 담배를 피우는 애벌레가 등장하지요. 이와 같이 동화 속에는 버섯에 대한 이야기가 자주 나옵니다. 꼼꼼히 살펴보면 동화에는 이상하리만큼 버섯에 대한 이야기가 많이 나오죠. 작가인 캐럴

■ 버섯 위의 담배 피우는 애벌레와 앨리스.

이 버섯에 관한 책을 읽고 버섯의 어떤 효능에 대해 알고 있었을지도 모른다는 추측을 하게 됩니다. 즉, 캐럴이 버섯에 대한 책을 읽고 영감을 얻어 키가 늘어나고 줄어드는 앨리스를 묘사했을지도 모른다는 것입니다.

물론 버섯 중에 진짜로 키를 늘이거나 줄일 수 있는 버섯은 없습니다. 하지만 버섯 중에는 환각효과를 일으킬 수 있는 버섯들이 있기 때문에 이러한 버섯을 먹고 키가 커지거나 줄어드는 느낌을 받을 수는 있습니다. 정신을 잃을 만큼 술을 마셔본 사람은 땅이 움직이고 전봇대가 휘어지는 경험을 해 봤을 것입니다. 환각제가 아닌 알코올이 이 정도 효과를 일으킨다면 환각성분이 들어 있는 버섯은 충분히 이상한 나라를 경험하게 할 수 있겠죠. 마지막에 앨리스의 모험이 꿈속의 이야기였던 것으로 결론짓는 것은 환각효과가 떨어진 것을 나타내는 것으로 해석할 수도 있을 것입니다.

버섯은 식물처럼 움직이지 못하지만 식물이 아니라 곰팡이와 같은 균류에 속하는 생물입니다. 버섯은 스스로 양분을 합성할 수 없기 때문에 동물들과 같이 다른 생물을 먹고 자라게 됩니다. 송이버섯과 같이 일반적으로 보는 버섯들은 식물을 양분으로 하여 생활하지만 동충하초와 같은 버섯은 곤충을 먹이로 하기도 합니다.

앨리스에 등장하는 버섯의 모델이 된 것은 아마 광대버섯이라는 독버섯일 것입니다. 광대버섯은 파리버섯이라고도 불리는데 이 버섯의 즙으로 파리를 잡는 데서 붙여진 말입니다. 캐럴이 살았던 영국뿐 아니라 전 세계에 널리 분포하는 이 버섯은 일찍부터 환각효과가 있는 것으로 알려져 B.C. 2000년 전부터 이미 종교의식에 사용되기도 했습니다. 고대 로마에서도 광대버섯이 독이 있다는 것을 알고 있었을 정도입니다. 붉은색에 흰 물

방울무늬가 있는 광대버섯은 디즈니의 만화나 동화에 흔히 등장하는 버섯
으로 그림으로 표현할 경우 참 아름답고 귀여워 보이지만 사람이 먹게 되
면 팔다리에 경련이 일어나고, 흥분과 함께 생생한 환각에 빠지게 됩니다.
이러한 증세가 동화 속에서 앨리스가 겪게 되는 목이 길어지는 것이나 키
가 짧아지는 것과 같은 경험과 너무나 비슷해 아귀가 잘 맞는다고 할 수
있습니다.

　　광대버섯이 환각효과를 나타내는 것은 이 버섯 속에 무시몰과 이보테
닉산이라는 물질이 들어있기 때문입니다. 우리나라에서 볼 수 있는 독버섯
으로는 마귀광대버섯, 독우산광대버섯, 흰알광대버섯 등이 있습니다. 독버
섯과 식용버섯을 구분하는 방법에는 많은 속설이 있는데, 그러한 속설이
항상 옳은 것이 아니라서 잘 모르는 버섯은 먹지 않는 것이 가장 좋습니다.

■ 광대버섯은 여름에서 가을에 걸쳐 자
작나무와 소나무 숲 등에서 자생합니
다. 빨간 갓 표면에 흰 혹투성이의 화
려한 대형 독버섯으로 10~20cm까지
성장합니다.

마지막으로 버섯에 관한 놀라운 사실은 무려 축구장 1,220개의 면적과 맞먹을 정도로 큰 버섯도 있다는 것입니다. 흔히 꿀버섯이라고 알려진 이 버섯은 미국 동부 오리건 주에 있는데 2,400년 이상 된 것으로 추정하고 있습니다. 버섯이란 참으로 놀라운 생명체인 것 같습니다.

웃기는 체셔 고양이

『이상한 나라의 앨리스』에서 흰 토끼에 이어 가장 유명한 캐릭터는 아마 체셔고양이(Cheshire Cat)일 것입니다. 항상 능글맞은 미소를 지으며 투명하게 사라지는 체셔고양이는 영화 〈가필드〉와 애니메이션 〈이웃집의 토토로〉에도 등장합니다. 체셔고양이의 매력에 빠져 고양이의 능글맞은 웃음을 너무 자연스럽게 느낀 사람들은 실제로도 고양이가 이렇게 웃는다고 착각을 하기도 합니다. 하지만 진짜 고양이는 체셔고양이와 같이 능글맞게 웃을 수 없습니다. 상상의 동물인 이상한 나라에 사는 체셔고양이는 작가인 캐럴이 어릴 때 성당에서 본 환영이나 가고일(성당 지붕에 세워진 괴물 조각상)에서 영감을 얻었다는 이야기가 있습니다. 인간이나 원숭이의 경우에는 입술과 잇

■ 〈가필드〉로 등장하는 체셔고양이는 입 꼬리가 올라가 있습니다.

몸이 떨어져 있어 자유롭게 웃을 수 있지만 고양이는 윗입술과 잇몸과 단단히 붙어 있기 때문에 그렇게 웃을 수 없습니다.

■ 〈이웃집의 토토로〉에 등장하는 고양이는 판타지의 동물처럼 보이지만 『이상한 나라의 앨리스』의 체셔고양이로부터 영향을 받았습니다.

그럼 고양이에 대한 이야기를 더 해볼까요. 동화 『장화 신은 고양이』에 등장하는 고양이는 주인을 위해 여러 가지 잔꾀를 부려 주인을 행복하게 만들어 줍니다. 우리의 전래 동화에도 개와 고양이가 주인이 잃어버린 푸른 구슬을 찾아오는 이야기가 있듯이 고양이는 개와 더불어 인간과 가장 친숙한 동물로 꼽힙니다. 하지만 고양이와 개는 엄격한 차이가 있지요. 고양이는 개와 마찬가지로 인간의 역사에서 오랜 세월 같이 생활해 온 것은 사실이지만 개가 인간에게 길들여져 인간에게 쉽게 복종하는 것과 달리 인간에게 길들여지기를 거부하는 동물입니다.

고양이의 독립심 때문인지 중세에 마녀사냥이 한창일 때 고양이를 기르고 있다는 이유만으로 마녀로 몰리는 이들이 많았습니다. 사람들은 고양이가 마법의 힘을 가져서, 이교도에서 숭배하는 동물이라고 생각했습니다. 캐럴도 고양이의 이러한 느낌 때문에 이상한 나라에 체셔고양이를 등장시켰는지 모를 일입니다.

신비하고 놀라운
머리카락의 세계

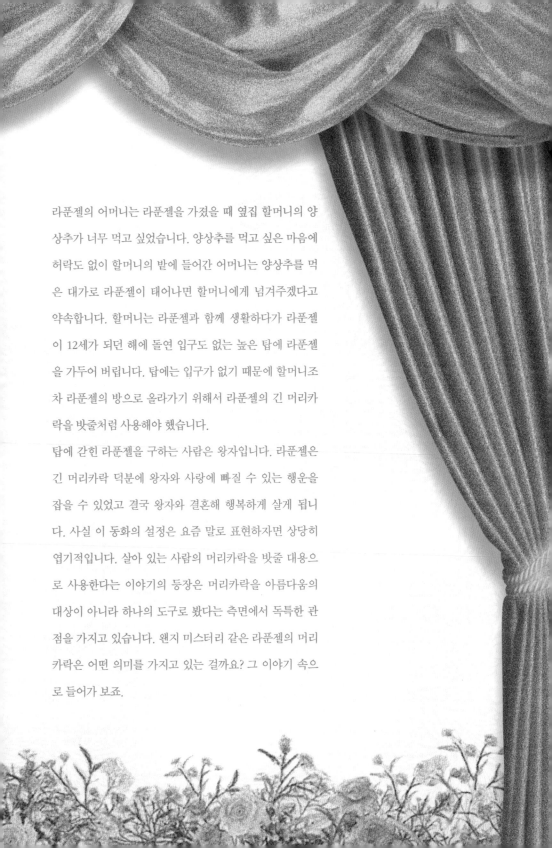

라푼젤의 어머니는 라푼젤을 가졌을 때 옆집 할머니의 양상추가 너무 먹고 싶었습니다. 양상추를 먹고 싶은 마음에 허락도 없이 할머니의 밭에 들어간 어머니는 양상추를 먹은 대가로 라푼젤이 태어나면 할머니에게 넘겨주겠다고 약속합니다. 할머니는 라푼젤과 함께 생활하다가 라푼젤이 12세가 되던 해에 돌연 입구도 없는 높은 탑에 라푼젤을 가두어 버립니다. 탑에는 입구가 없기 때문에 할머니조차 라푼젤의 방으로 올라가기 위해서 라푼젤의 긴 머리카락을 밧줄처럼 사용해야 했습니다.

탑에 갇힌 라푼젤을 구하는 사람은 왕자입니다. 라푼젤은 긴 머리카락 덕분에 왕자와 사랑에 빠질 수 있는 행운을 잡을 수 있었고 결국 왕자와 결혼해 행복하게 살게 됩니다. 사실 이 동화의 설정은 요즘 말로 표현하자면 상당히 엽기적입니다. 살아 있는 사람의 머리카락을 밧줄 대용으로 사용한다는 이야기의 등장은 머리카락을 아름다움의 대상이 아니라 하나의 도구로 봤다는 측면에서 독특한 관점을 가지고 있습니다. 왠지 미스터리 같은 라푼젤의 머리카락은 어떤 의미를 가지고 있는 걸까요? 그 이야기 속으로 들어가 보죠.

긴 머리카락은 건강의 상징

영화 〈천녀유혼〉에 등장하는 처녀 귀신은 긴 생머리를 늘어뜨린 모습으로 행인을 유혹합니다. 또한 유사시에는 길게 늘어나서 무기로도 사용됩니다. 이와 같이 머리카락은 '유혹'과 '힘'이라는 두 가지 모두를 상징할 때 사용됩니다.

그렇다면 라푼젤의 긴 머리카락은 어떤 의미를 가지고 있는 것일까요? 긴 생머리는 확실한 섹스 어필의 도구 중 하나입니다. 광고에 등장하는 샴푸 모델뿐 아니라 젊은 여성들을 등장시키는 많은 광고들은 긴 생머리를 강조함으로써 상품에 대한 호감도를 극대화하려고 합니다.

긴 생머리는 분명 매력적인 면이 있었기에 많은 시인들의 찬양을 받기도 했지요. 머리카락이 발산하는 매력은 고대의 여신들의 모습에도 그대로 드러납니다. 사랑의 여신 아프로디테는 아무것도 두르지 않는 자연스러운 머리모양으로 표현되지만 결혼의 여신 헤라와 같은 여신들은 머리에 두건을 쓰거나 짧은 머리로 묘사됩니다. 긴 생머리는 성적인 여성성을 강조하기 때문에 정숙함이나 절제가 요구되는 여성에게는 어울리지 않는 스타일이기도 합니다. 따라서 영부인이나 영국의 대처 수상이나 당의 대표와 같은 정치인들은 머리카락을 풀어서 늘어뜨리고 다니지 않습니다.

고전적인 의미의 길게 늘어뜨린 머리카락은 '전 결혼할 때가 된 처녀입니다.'라는 뜻을 가지고 있습니다. 할머니가 라푼젤을 탑에 가둔 것은 라푼젤이 어린아이가 아니라 결혼할 때가 된 처녀이기 때문입니다. 즉, 처녀가 된 라푼젤을 다른 남자들로부터 격리시켜 놓은 것입니다. 많은 문화

권에서 사춘기 이전의 어린 소녀에게만 자유스럽게 긴 생머리를 드러내 놓는 것을 허락하였습니다. 우리나라에서도 결혼한 여자들의 경우에는 머리카락을 올리고 비녀를 꽂아야 했던 것이 바로 이러한 이유 때문이고 과거 여인들의 신분이 자유롭지 못했던 시절에 긴 생머리를 감추고 다녀야 했던 것도 머리카락에 이러한 매력이 있었기 때문입니다. 수녀들이나 이슬람의 여인들이 머리카락을 항상 가리고 다니는 이유도 마찬가지입니다. 또한 불가의 여인들이 머리카락을 완전히 잘라야 했던 것도 여성적인 것과의 단절을 의미합니다.

여자의 머리카락이 매혹을 발산했던 것과 달리 고대 문명에서 남자의 머리카락은 대부분 지도력과 힘 그리고 개인의 강인함을 상징했습니다. 이러한 상징성의 정점에 있는 것이 삼손으로 사자의 갈기와 같은 그의 풍성한 머리카락은 힘의 상징이었습니다. 이발 문화가 발달한 오늘날에도 여전히 갈기와 같은 남자들의 머리는 야성적인 힘을 상징합니다. 긴 생머리나 풍성한 머리카락이 단지 상징으로만 끝나지는 않고 풍성한 머리카락 자체만으로 그들의 영양상태가 양호하다는 것을 나타내기도 합니다. 삼손은 머리카락이 잘림으로써 자신의 엄청난 힘을 잃어버리기도 했습니다.

효자동 이발사는 의사와 친구 사이?

많은 사람들이 대머리나 탈모로 고민을 하고, 윤기 있고 찰랑거리는 긴 생머리를 부러워합니다. 머리카락은 모양뿐 아니라 색깔도 다양해서 『빨간 머리 앤』에서 앤의 머리카락은 붉은색이고, 〈반지의 제왕〉의 요정 레골라스는 화려한 금발이었습니다. 『말괄량이 삐삐』의 길게 땋아 뻣뻣하게 솟은 머리는 삐삐의 독특한 행동을 상징하기도 했습니다. 이렇듯 머리모양은 그 사람의 개성이나 신분을 나타내는 역할도 하기 때문에 사람들이 머리모양에 많은 관심을 가지는 것은 당연하다고 할 수 있습니다.

머리카락이 건강을 나타내는 중요한 요소였지만 그 중요성에 비추어 보면 고대의 머리모양은 그리 다양하지 않았습니다. 이는 머리모양이 신분을 상징하는 것이었기 때문에 규격에 맞춘 듯이 정해져 있기 일쑤였고 여성들은 머리카락을 감추기에 급급했기 때문입니다. 또한 머리카락에 신경을 쓸 만큼 생활의 여유가 없었다는 것도 중요한 이유겠지요.

　바로크 시대로 접어들면서 남성들은 다양한 가발을 통해서 머리모양에 변화를 주기 시작합니다. 영화 속에서 볼 수 있듯이 흰색 양털과 같은 커다란 가발을 쓰는 것이 유행하기도 했습니다. 이때 여성들의 머리모양은 인류의 전시대를 통틀어 가장 독특한 머리모양을 가졌다고 할 정도로 다양해졌습니다. 머리모양은 규모에 있어서나 독특함에 있어서 상상을 초월했습니다. 머리카락을 최대한 높이 올려 마치 크리스마스 트리처럼 만들기도 했고, 머리에 진짜 과일로 장식을 하기도 했습니다. 틀어올린 머리카락이 얼마나 높았던지 바로크 양식의 문 높이가 높아진 것이 머리가 통과할 수 있게 하기 위해서라는 말이 나올 정도였습니다.

　영화 〈효자동 이발사〉에서는 주인공인 이발사의 아들이 동네 아이들에게 놀림을 받자, 이발사 아버지는 '이발사는 의사와 친구 사이'라며 아들을 달랩니다. 이러한 이야기가 가능한 것은 중세에는 이발사와 외과 의사를 겸업하는 경우가 많았기 때문입니다. 이발사와 외과 의사가 겸업을 했던 것은 당시에는 피를 보는 외과 의사를 의사로 취급하지 않을 만큼 천한 직업으로 여겼기 때문입니

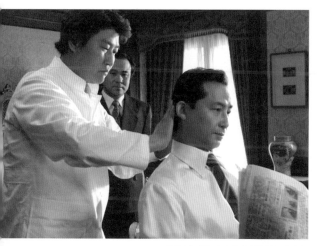

■영화 〈효자동 이발사〉에 등장하는 이발사.

다. 이러한 분위기는 16세기 프랑스 국왕의 신임을 얻은 외과 의사 앙브르와즈 파레에 의해 달라집니다. 파레에 의해 외과 의사의 지위는 향상되어 일반 의사로 인정받기 시작했습니다. 18세기초 파리대학에서 외과를 정식교과목으로 채택함으로 이후 외과 의사와 이발사는 서로 다른 길을 걷게 되었습니다.

■ 16세기 이전 외과 의사와 겸직한 이발사들의 말쑥한 외모와 흰 가운은 지금의 의사와 매우 비슷합니다.

기네스북에 오른 562cm의 머리카락

라푼젤이 12세가 되던 해에 할머니는 라푼젤을 계단이 없는 높은 탑에 가둡니다. 계단이 없기 때문에 탑으로 올라 갈 때 할머니는 라푼젤의 머리카락을 잡고 올라갑니다. 라푼젤은 할머니를 끌어올리기 위해 20엘(ell, 엘은 영국의 옛 길이 단위로 1엘은 45인치) 아래로 머리카락을 늘어뜨립니다. 이러한 상황에서 유추해보면 라푼젤의 머리카락은 적어도 23m가 넘는 엄청난 길이라는 것을 알 수 있습니다. 그런데 정말 라푼젤의 머리카락이 그렇게 길게 자랄 수 있을까요?

이발을 한 후 일정한 시간이 지나면 머리는 다시 자라 덥수룩하게 됩니다. 따라서 단정한 머리모양을 원한다면 자란 만큼의 머리카락은 잘라

재미 들어있는 과학

줘야 합니다. 그렇다면 왜 몸에 있는 다른 털과 달리 머리카락만 길게 자랄까요? 또한 왜 다른 영장류와 달리 인간의 머리카락만 길게 자라는 것일까요? 이에 대해서는 아직도 과학자들이 명확한 답변을 내놓지 못하고 있습니다. 단지 몇 가지 가설만 있을 뿐입니다. 그 중 한 가지를 소개하면 '머리카락은 원숭이와 인간을 구별하기 위한 것'이라는 가설입니다. 이것은 인간만이 머리카락이 길기 때문에 멀리서도 쉽게 원숭이와 구별할 수 있다는 가설입니다. 이외에도 물 속에서 잡기 위해서라거나 머리를 보호하기 위한 것이라는 등의 여러 가지 가설이 있습니다.

  과학자들은 유독 머리카락만 길게 자라는 이유는 잘 모르지만, 머리카락의 일생(주기)이나 머리카락이 길게 자라는 현상에 대해서는 잘 알고 있습니다. 보통 사람의 머리에는 10만 개 정도의 머리카락이 있습니다. 금발은 흑발보다 머리카락의 개수가 훨씬 더 많은 14만 개 정도 있고, 상대적으로 가늘어서 부드럽게 느껴집니다. 금발이 매력적이게 보이는 것은 색깔에도 이유가 있겠지만, 부드럽기 때문이기도 합니다. 따라서 검은 머리를 노랗게 염색한다고 해서 그들의 머리가 금발과 같아지지는 않습니다.

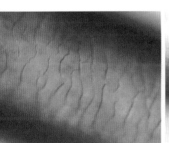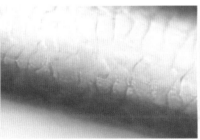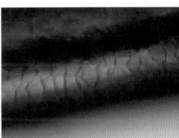

■ 금발(좌), 백발(중), 흑발(우)을 500배로 확대한 사진. 머리카락의 외곽을 싸고 있는 모피질은 피질세포의 강한 결합조직으로 되어 있습니다.

머리카락의 평균수명은 약 5년 정도입니다(여자는 4~6년, 남자는 3~5년으로 여자가 좀 더 깁니다). 머리카락은 일생 동안 계속 자라는 것이 아니라 일정한 주기를 가지는데 이것을 모발주기라고 합니다. 머리카락은 성장기와 퇴행기, 휴지기를 거쳐 탈모가 일어나며, 탈모 후에는 발생기를 거쳐 다시 성장기로 들어가게 됩니다. 머리카락은 5년 동안 계속 자라는데, 이 시기가 성장기입니다. 성장기를 지난 머리카락은 약 1개월 정도의 퇴행기를 거치고, 4~5개월 정도의 휴지기를 거칩니다. 이때는 머리카락이 성장하지 않습니다. 이 시기가 지나고 나면 머리카락은 제 수명을 마치고 드디어 빠져 버리게 됩니다. 머리카락이 빠진 자리에서 새로운 머리카락이 다시 나오기 때문에 목욕탕에서 빠진 머리카락을 보고 슬퍼하거나 충격에 빠질 필요는 없습니다. 이것이 일반적인 머리카락의 일생입니다.

하지만 경우에 따라서는 5년이 지나도 빠지지 않고 계속 자라는 머리카락들이 있습니다. 이러한 머리카락을 가진 사람이 바로 세계에서 가장 긴 머리카락을 가진 사람이 되는 것입니다. 아마 라푼젤도 보통 사람과 달리 이렇게 5년이 지나도 빠지지 않는 머리카락을 가졌다고 생각할 수 있습니다.

보통 사람의 머리카락은 1년에 13~18cm 정도 자랍니다. 머리카락의 생장 속도는 여러 가지 요인에 영향을 받는데 첫 번째가 영양 상태입니다. 인체의 모든 기관이 영양 공급을 충분히 받았을 때 잘 자라는 것과 같이 머리카락도 마찬가지입니다. 샴푸 광고에서 유독 케라틴(Keratin)에 대한 이야기가 많이 나옵니다. 그것은 바로 머리카락의 구성 성분이 케라틴 단백질이기 때문인데요. 케라틴을 구성할 수 있는 영양분이 공급되지 않는다면 머리카락은 잘 자라지 못하며, 심한 다이어트를 할 경우에 머릿결이 상하게 되는 이유가 바로 이 때문입니다. 머리카락은 단백질뿐만 아니라 비타민A, 비타민D, 철이나 아연과 같은 미네랄도 필요로 합니다. 따라서 건강하고 윤기 있는 머릿결을 원한다면 우선 잘 먹어야 합니다.

머리카락 생장에 영향을 주는 두 번째 요인은 호르몬의 작용입니다. 흔히 "야한 생각을 하면 머리카락이 빨리 자란다."는 이야기를 자주 하는 데요. 이는 호르몬의 영향 때문입니다. 뇌하수체에서 분비되는 호르몬이나 갑상선 호르몬, 성 호르몬 등이 머리카락의 성장에 관여하는데 여자들

성장(成長) 호르몬은 성장(性長) 호르몬?

189

의 머리카락이 더 빨리 자라는 것도 여성 호르몬의 영향 때문입니다. 남성 호르몬은 오히려 머리카락의 성장 속도를 늦추게 합니다. 이렇게 보면 라푼젤은 영양 상태가 무척 좋았고, 호르몬의 분비도 왕성했다는 것을 간접적으로 추론해 볼 수 있습니다.

이렇게 영양상태가 좋은 상황에서 5년 동안 머리카락이 자랐다고 하면 머리카락은 약 1m 정도까지 자랍니다. 따라서 머리카락이 제일 긴 사람은 1m 정도 될 것 같지만 사실은 그것보다 훨씬 깁니다. 2004년 기네스북에 따르면 '세상에서 가장 머리카락이 긴 사람'은 중국에 사는 시에 치오우핑(Xie Qiuping)이라고 하는 여인이라고 합니다. 그녀는 1973년부터 2004년까지 머리카락을 길러 무려 길이가 5.627m(18ft 5.54in)에 달했다고 합니다. 태국의 치앙마이에 사는 후 사티우라는 노인은 70년간 머리를 길러 5.15m나 되었다고 하며, 이외에도 비공식적으로 6m가량 되는 머리카락을 가진 노인도 있는데, 이 노인은 머리카락을 31년간이나 길러왔다고 합니다. 물론 오랜 세월 머리카락을 기른다고 해서 아무나 이렇게 길게 자라는 것은 아닙니다. 특별한 머리카락이 생장기인 5년이 지나도 빠지지 않고 계속 생장을 했기 때문에 이렇게 길어진 것입니다. 따라서 라푼젤도 머리카락의 생장주기를 따르지 않고 계속 생장하는 특별한 머리카락을 가졌다고 볼 수 있는 것입니다.

하지만 문제는 라푼젤이 12세가 되던 해에 탑에 갇혔기 때문에 탑 아래까지 닿을 만큼 머리카락이 자랄 충분한 시간이 없었다는 것입니다. 할머니가 라푼젤을 탑에 가둔 것은 더 이상 어린 아이가 아니라 결혼할 때가 다가온 처녀가 되었기 때문이라고 이야기한 상황을 근거로 라푼젤이 20세라고 하고, 1년에 20cm씩 자랐다고 하더라도 그녀의 머리카락은 4m를 넘기지 못합니다. 하지만 이 정도 길이라면 왕자가 잡고 떨어져도 크게 다칠 일은 없으니 다행이라 할 수는 있겠지요.

뭉치면 살고 흩어지면 죽는다

라푼젤은 할머니가 올 때마다 머리카락을 탑 아래로 늘어뜨려서 할머니가 잡고 올라오게 했습니다. 하지만 "할머니보다 왕자님이 더 가볍다."고 말을 하는 바람에 할머니에게 왕자가 탑에 올라온다는 사실을 들키게 됩니다. 일반적으로 왕자가 건장한 청년이라고 할 때, 할머니는 왕자보다 더 몸무게가 나가기 때문에 상당한 체격을 가지고 있을 것으로 생각됩니다. 할머니나 왕자의 몸무게는 60kg 정도라고 가정할 때 과연 머리카락이 이 정도의 몸무게를 버텨낼 수 있을까요?

보통 머리카락의 굵기는 1mm²도 채 안 되는 0.06~0.01mm² 정도입니다. 또한 머리카락 한 가닥의 인장강도는 150g 정도라고 합니다. 따라서 머리카락을 10만 개로 계산할 때 머리카락이 견딜 수 있는 무게는 무려 15톤이나 됩니다($150g \times 100,000 = 15,000kg$). 이것은 만약 머리카락으로 로프를 만들면 트럭도 끌 수 있다는 뜻이 됩니다. 놀랍게도 라푼젤의 머리카락은 할머니와 왕자님이 동시에 매달려도 끄떡없는 상황이 됩니다.

하지만 머리카락이 강철보다 인장강도가 크지는 않습니다. 알려진 바대로 거미줄은 강철보다도 인장강도가 클 뿐 아니라 탄력성도 좋아서 낙

하산과 같이 여러 군데 쓰임새를 연구 중이라고 하지만 머리카락은 거미줄과 그 용도가 다르기 때문에 이러한 것을 기대하기 어렵습니다. 거미줄은 다른 생물을 포획하기 위한 것으로 당연히 질기고 튼튼해야겠지만 머리카락은 그럴만한 이유가 없기 때문이죠.

머리카락이 거미줄보다 약하다고 하더라도 보기보다 튼튼한 것은 사실입니다. 이렇게 머리카락이 튼튼한 이유는 두 가지입니다. 머리카락을 구성하는 분자간의 결합력이 크다는 것과 머리카락이 밧줄구조를 이루고 있다는 것입니다. 머리카락은 케라틴 분자로 구성되어 있는데, 이 분자들의 결합력에 의해 튼튼함을 유지합니다. 또한 머리카락이 한 가닥으로 이루어진 것 같지만 사실은 모표피, 모피질, 모수질의 3층 구조로 되어 있어 튼튼합니다. 모표피는 마치 지붕의 기와와 같은 모양으로 머리카락의 제일 바깥쪽을 둘러싸고 있습니다. 모피질은 피질세포와 세포 간 결합물질로 구성되어 있으며, 머리카락의 상태를 결정하는 제일 중요한 부분입니다. 머리카락이 튼튼한 것도 바로 모피질의 구조에 의한 것입니다. 모피질은 여러 가닥의 피질세포가 세포 간 결합물질에 의해 강하게 결합되어 있기 때문입니다. 모수질은 바로 멜라닌 색소라는 머리카락의

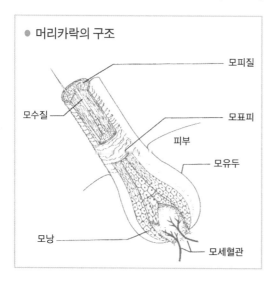

● 머리카락의 구조

모피질
모수질
모표피
피부
모유두
모낭
모세혈관

재미있고 쉽게 읽는 과학

색을 나타내는 색소가 분포되어 있는 곳입니다. 이렇게 복잡한 머리카락의 구성 물질들이 밧줄과 같이 튼튼하게 엮여 있어 머리카락이 튼튼한 것입니다. 단순하게 보이는 머리카락도 사실은 상당히 복잡한 구조로 되어 있습니다.

이제 머리카락이 이렇게 튼튼하다는 것을 알았으니 라푼젤이 할머니나 왕자님을 끌어올리는 문제는 해결되었다고 생각할 수 있겠지만 실질적인 문제는 다른 곳에 있습니다. 머리카락이 끊어지기 전에 뽑혀버릴 수 있다는 것입니다. 아버지나 할아버지의 흰 머리카락을 뽑아드린 적이 있다면, 머리카락을 잡아당기면 끊어지는 경우는 거의 없고 대부분 쏙하고 뽑힌다는 것을 알 것입니다. 이는 머리카락이 피부에 붙어 있는 힘(고착력)이 머리카락의 인장강도보다 훨씬 작기 때문입니다. 즉, 머리카락의 인장강도는 150g인데 반해서 고착력은 그의 1/3에 불과한 고작 50g밖에 되지 않습니다. 따라서 머리카락에 큰 힘을 가하면 머리카락이 끊어지기 전에 빠져버리게 되는 것입니다. 물론 이것도 걱정할 정도의 문제는 아닙니다. 한 올의 머리카락은 약해도 전체 머리카락의 힘은 역시 위대하기 때문입니다. 머리카락 전체의 고착력은 5톤의 힘도 견딜 수 있습니다. 이 정도의 힘이라면 왕자님이 매달려도 충분히 견딜 수 있는 정도입니다. 영화 〈슈퍼맨4〉에서 슈퍼맨의 머리카락 한 가닥은 무려 454kg(1,000파운드)의 추를 매달고도 끊어지지 않습니다. 물론 머리카락이 이만큼 강하지는 않습니다. 하지만 무거운 할머니나 왕자가 올라오는 데는 전혀 문제가 없습니다. 뭉치면 살고 흩어지면 죽는다는 말은 바로 라푼젤의 머리카락을 두고 한 말 같습니다.

머리카락은 인간의 역사를 담고 있는 역사책

머리를 감고 나면 왠지 머리카락이 더 길어 보입니다. 이는 길어 보이는 것이 아니라 진짜로 길어진 것입니다. 머리카락은 습도에 따라 길이가 달라지는데, 일찍이 레오나르도 다빈치는 이러한 머리카락의 성질을 이용해 모발습도계를 만들 정도였습니다. 모발은 건조 상태일 때와 머리를 감고 난 직후에 길이가 약 2% 정도 차이 난다고 하는데 평상시 머리카락이 10m라고 한다면 비가 오는 날은 10.2m가 되어 무려 20cm나 길어지는 효과를 보게 됩니다.

한편 머리카락은 범죄 수사에도 많은 도움을 줍니다. 마약과 같은 약이나 중독에 의해 피살되었을 경우 머리카락에 그 증거가 남습니다. 간혹 연예인들의 마약 검사에 대한 이야기가 나오곤 하는데 머리카락은 한 달 정도의 역사를 그대로 담고 있기 때문에 약물 검사에 자주 활용됩니다. 또한 시간의 순서로 기록되기 때문에 그 사람에 대한 이야기를 순차적으로 기록한 역사책이나 마찬가지입니다. 이는 머리카락이 모낭으로부터 영양을 공급받는데 마약이나 중금속과 같은 물질들이 함께 머리카락으로 들어가 그대로 남게 되기 때문입니다.

라푼젤은 한 가지만 주의하면 될 것 같습니다. 왕자를 만나기 전에 대머리가 되지 않도록 노력하는 것입니다. 그렇다면 머리카락을 잘 땋아 두는 것이 좋습니다. 머리카락을 땋아서 밧줄처럼 만들어야 특정 머리카락에 힘이 집중되어 머리카락이 빠지는 현상을 막을 수 있기 때문입니다. 머리카락을 땋은 사람은 머리카락을 아무리 잡아당겨도 머리가 끌려올 뿐 머리카락이 빠지지는 않지만 머리채를 풀고 싸우는 사람들은 머리카락이 한 줌씩 빠지는 것이 바로 이 때문입니다.

붉은색에 대한
인간의 끊임없는 욕망

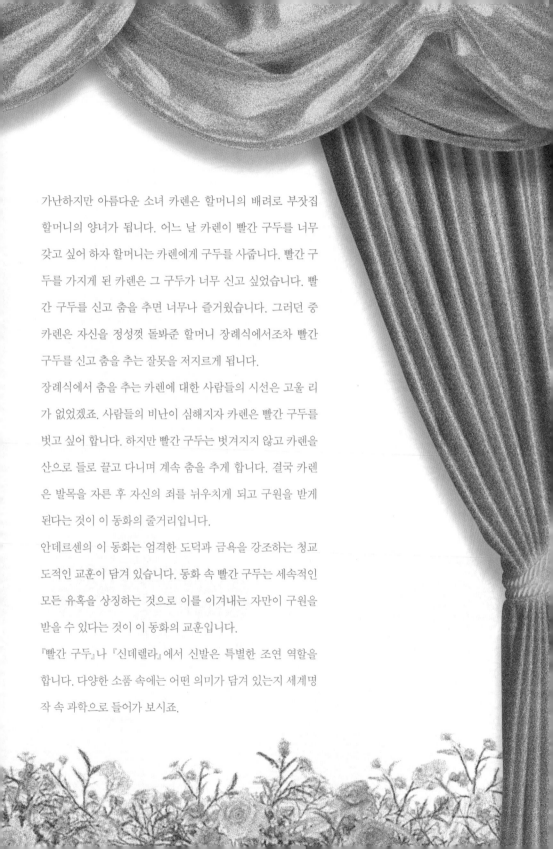

가난하지만 아름다운 소녀 카렌은 할머니의 배려로 부잣집 할머니의 양녀가 됩니다. 어느 날 카렌이 빨간 구두를 너무 갖고 싶어 하자 할머니는 카렌에게 구두를 사줍니다. 빨간 구두를 가지게 된 카렌은 그 구두가 너무 신고 싶었습니다. 빨간 구두를 신고 춤을 추면 너무나 즐거웠습니다. 그러던 중 카렌은 자신을 정성껏 돌봐준 할머니 장례식에서조차 빨간 구두를 신고 춤을 추는 잘못을 저지르게 됩니다.

장례식에서 춤을 추는 카렌에 대한 사람들의 시선은 고울 리가 없었겠죠. 사람들의 비난이 심해지자 카렌은 빨간 구두를 벗고 싶어 합니다. 하지만 빨간 구두는 벗겨지지 않고 카렌을 산으로 들로 끌고 다니며 계속 춤을 추게 합니다. 결국 카렌은 발목을 자른 후 자신의 죄를 뉘우치게 되고 구원을 받게 된다는 것이 이 동화의 줄거리입니다.

안데르센의 이 동화는 엄격한 도덕과 금욕을 강조하는 청교도적인 교훈이 담겨 있습니다. 동화 속 빨간 구두는 세속적인 모든 유혹을 상징하는 것으로 이를 이겨내는 자만이 구원을 받을 수 있다는 것이 이 동화의 교훈입니다.

『빨간 구두』나 『신데렐라』에서 신발은 특별한 조연 역할을 합니다. 다양한 소품 속에는 어떤 의미가 담겨 있는지 세계명작 속 과학으로 들어가 보시죠.

최고의 조연 구두, 그 안에 숨겨진 이야기

동화 속에서 신발은 중요한 소재로 자주 등장합니다. 모양도 다르고 역할도 다르지만 발을 보호하고, 신분을 상징하고, 원하는 곳으로 이동하는데 도움을 주죠. 물론 신발의 고유 역할에 충실하기도 합니다. 다만 동화 속에서는 이러한 역할을 극대화시켜 표현했다는 것이 현실과 차이가 날 뿐이죠.

동화 속에 등장하는 일부 신발들은 너무나 인상적이어서 주인공보다 더 많은 사랑을 받거나 유명해지기도 합니다. 『빨간 구두』라는 동화를 들어본 사람은 동화 속에 빨간 구두가 등장한다는 것은 알지만 주인공의 이름은 기억하지 못합니다. 사람들의 기억 속에서 이 동화의 주인공은 바로 빨간 구두인 셈입니다. 『신데렐라』에서도 주인공 신데렐라 못지않게 그녀가 신었던 유리 구두는 많은 사랑을 받았습니다. 『장화 신은 고양이』에서도 고양이의 이름은 중요하지 않았죠. 그 고양이가 장화를 신었다는 것이 중요한 것입니다. 이 동화 속에서 신발은 단순히 발을 보호하는 차원을 넘어서 신분을 상징하는 것입니다. 『장화 신은 고양이』에서 고양이가 장화를 신음으로써 한낱 동물이 아니라 주인의 충실한 신하의 역할을 해냅니다.

『오즈의 마법사』에 등장하는 도로시가

마녀로부터 얻게 되는 마법의 구두는 주인이 원하는 장소에 주인을 데려다 주는 역할을 합니다. 이는 원하는 장소로 이동하는 데 도움을 주는 신발의 고유 역할을 극대화한 것이라 할 수 있습니다. 이와는 달리 빨간 구두는 주인이 원하지 않는 곳으로 주인을 데려가기도 하는데요, 이 또한 신발의 이동성과 활동성을 의미하는 것입니다. 신데렐라의 유리 구두는 그녀를 왕궁의 파티장에 갈 수 있도록 해주며, 결국 신데렐라를 허름한 다락방이 아니라 왕궁에서 살 수 있게 해 줍니다.

7080세대들에게 잘 알려진 TV 애니메이션 〈플란다스의 개〉는 원래 영국 여류 작가의 동화가 원작입니다. 이와 비슷한 배경을 가진 〈알프스 소녀 하이디〉나 미야자키 하야오 감독의 〈미래소년 코난〉 같은 작품을 보면 등장인물들이 나무로 만든 신발을 신고 다닙니다. 이렇게 나무로 만든 신발은 클로그(나막신)라고 하며, 프랑스에서는 사보(sabots)라고 불리었습니다. 사유재산 파괴나 태업을 뜻하는 사보타주(sabotage)는 당시 노동자들이 사보를 기계 속에 던져 넣어 기계를 망가뜨린 데 기인합니다.

이와 같이 동화 속에 신발이 자주 부각되는 이유는 당시 구두는 상당히 가격이 비싸서 아무나 신을 수 없었기 때문입니다. 평범한 구두 한 켤레의 가격이 노동자들의 보름치 노임과 맞먹을 정도였기 때문에 가난한 농부들이나 아이들은 아름다운 구두는 고사하고 맨발로 다니는 경우도 많았습니다. 종종 그림에 등장하는 들에서 일하는 아낙들의 모습이나 아이들의 모습이 맨발인 것은 결코 순수함을 나타내는 것이 아닌 가난의 상징이었습니다. 당시에도 부자들은 비단과 가죽이나 깃털과 보석으로 장식된 화려한 신발을 신고 다녔습니다. 가죽이 너무 빡빡할 경우에는 하인에게 미리 신게 하여 부드럽게 만들기도 했죠.

1939년 MGM에서 만든 뮤지컬 영화 〈오즈의 마법사〉에서 도로시 역의 주디 갈란드가 신은 루비 슬리퍼는 1938년에 촬영용으로 만든 소형 구두를 포함해 여덟 켤레가 만들어졌습니다. 원작에서 도로시는 은구두를 신었지만, MGM에서는 컬러 영화라는 것을 강조하기 위해 루비색의 빨간 구두로 바꿨지요. 이 신발은 촬영 후에 한 켤레당 165,000달러에 팔려나갔습니다. 당시의 화폐 가치를 생각한다면 이 신발이 얼마나 고가의 소품이었는지 상상이 갈 것입니다.

빨간 구두 그 안에 숨겨진 이야기

아름다움을 위해 고통을 참아내는 소녀들

'신발의 주인을 왕비로 삼는다'는 내용은 모든 사람들의 마음속에 강한 인상을 남겼을 것입니다.『신데렐라』와 같은 신발에 의한 신분 상승 이야기는 유럽에만 전해져 오는 것은 아닙니다. 500개 이상의 형태로 존재하는 신발에 관한 이야기는 전 세계적으로 고대 이집트에서부터 중국에 이르기까지 다양하게 전해져 왔습니다.

수많은 신데렐라 이야기에서 가장 유명한 '유리 구두' 버전은 1697년 영국에서 출판된『신데렐라』에 처음으로 등장합니다. 영국에 출판된 판본은 프랑스의 샤를 페로의 프랑스판 이야기가 영어로 옮겨진 것입니다. 당시의 인쇄술은 인쇄할 책을 손으로 쓴 다음 인쇄하는 식이었기 때문에 오탈자가 생기는 경우가 많았습니다. 재미있게도 페로의 판본에는 'pantoufle en vair(흰색 털로 된 슬리퍼)'로 표현되어 있었지만 영국 판본은 'pantoufle en verre(유리 슬리퍼)'로 잘못 쓴 것을 인쇄했습니다. 당시나 오늘날이나 유리는 구두의 재료로 전혀 적합하지 않았지만 오히려 깨지기 쉽고 늘어나지 않는 유리의 특성이 신데렐라의 여성적 이미지를 강조하는 데 훨씬 매력적으로 작용했을 것으로 보입니다.

어린이들이 읽는 동화『신데렐라』이야기와 달리 그림 형제의『신데렐라』이야기는 매우 잔인합니다. 왕자가 구두의 주인공을 찾아 신데렐라가 사는 집에 찾아오자 계모는 두 자매의 발을 구두에 맞추기 위해 발가락과 뒤꿈치를 자르기도 했습니다. 신데렐라의 언니들은 작은 유리 구두를 신기 위해 발가락이나 뒤꿈치를 잘라 구두를 피투성이로 만들었다고 쓰여 있습니다.

온 마을의 처녀들에게 모두 구두를 신게 했지만 맞는 사람이 없었다는 것에서 신데렐라의 발이 매우 작았다는 것을 알 수 있습니다. 작은 발을 갖기 위해 노력한 것은 신데렐라의 언니들뿐만이 아닙니다. 작은 발을 갖기 위해 발을 심한 기형으로 만드는 것을 감수한 사람들이 있는데, 바로 전족의 풍습을 가진 중국의 여인들이었습니다. 전족을 한 여성의 발을 X선 사진으로 살펴보면 하이힐을 신은 발의 모습과 유사할 정도로 전족은 발을 기형으로 만들어 버립니다. 전족은 1902년 법으로 금지될 때까지 수억 명 이상의 발을 기형적으로 작게 만들었습니다.

전족의 기원은 여러 가지 설이 있는데, 작고 못생긴 발을 가진 왕비의 체면을 세워주기 위해 퍼뜨렸다는 것과 남자들이 아내를 도망가지 못하게 하기 위해 발을 작게 한 것이라는 이야기가 있습니다. 또 하나의 설은 궁중 무희들의 작고 아름다운 발을 흉내 낸 것이 인기를 끌면서 급속하게 퍼져 나갔다는 것입니다.

전족은 금련(金蓮)으로 불리기도 했는데, 많은 남성들에게 성적인 도구로 사랑을 받았기 때문에 신부가 가져야 할 필수품(?)으로 취급될 정도였습니다. 전족을 한 여성은 야외

■ 화려한 진열장 속의 구두.
이집트와 로마에서의 구두는 장식에 따라 신분을 나타내기도 했습니다. 현대의 구두는 여성들의 소장품이 되기도 합니다.

활동을 하기 어렵기 때문에 노동력이 절실한 가정에서는 딸의 전족을 지원하지 못했습니다. 이와 달리 귀족사회에서는 상당수의 여성이 전족을 했는데 어린 소녀일 때부터 시행해 많은 고통을 수반했습니다. 하지만 남성우월주의 사회의 어린 소녀들은 성장해서 많은 남자들에게 사랑받을 것을 생각하며 그 고통을 참아냈습니다.

베일에 싸인 빨간 구두의 비밀을 벗겨라

다시 『빨간 구두』로 돌아와 볼까요. 이 동화에서 중요한 것은 소녀의 구두가 빨간색이었다는 것입니다. 빨간색은 사람의 시선을 끄는 힘이 있어 많은 사람의 사랑을 받은 색입니다. 빨간색에 대한 사랑은 신발이나 옷을 넘어 화장이나 갖가지 상징물과 도구에 이르기까지 다양하게 나타납니다. 심지어 국가를 이루어 살기 훨씬 이전에 그려진 라스코 동굴 벽의 들소 그림이나 빗살무늬 토기에서도 빨간색을 볼 수 있을 정도로 오래전부터 사용되었습니다. 이와 같이 빨간색은 오래전부터 사용되어온 탓에 '색깔 있다'는 말은 '빨갛다'는 것과 동인한 의미로 사용되기도 했습니다. 예컨대 영어의 '컬러(color)'도 빨강을 뜻하는 '콜로라도(colorado)'에서 유래했다고 합니다.

이렇게 빨간색이 초창기부터 광범위하게 사용된 것은 빨강이 피와 불을 상징하는 강렬한 색이기 때문입니다. 물론 가장 흔하게 얻을 수 있는 염료인 산화철이 붉은색인 것도 많은 작용을 했겠죠.

빨간색이 의미하는 바는 민족이나 문화에 따라 조금씩 다르게 받아들이거나 사용되었습니다. 중국인들은 유난히 빨간색을 좋아합니다. 명절이면 빨간 옷을 입고 빨간 폭죽을 터뜨리죠. 결혼식이나 생일같이 축하할 일이 있을 때도 빨간 옷을 입고 좋은 날에는 집집마다 빨간 등을 내겁니다.

로마의 경우 빨간색은 왕족을 상징하는 색으로 지정되었습니다. 〈글래디에이터〉와 같이 로마를 배경으로 한 영화를 보면 병사들이 가죽으로 된 샌들을 신고 다니는 것을 볼 수 있습니다. 그중 금실로 수를 놓고 발등 쪽에는 황금색 독수리로 마무리한 자주색 가죽샌들은 황제만이 신을 수 있었습니다. 아우렐리아누스(Aurelianus, 215~275)황제는 자기 자신과 자신의 후계자를 제외하고는 어느 누구도 빨간색 신발을 신을 수 없도록 하였다고 합니다.

빨간색을 좋아하기로 가장 유명한 것은 중국인이지만 로마인들도 이에 못지않게 빨간색을 좋아했습니다. 빨강을 열광적으로 좋아했던 로마인들은 이곳저곳을 빨간색으로 물들이고자 했고, 이러한 빨간색 열풍은 빨간색을 내는 염료의 품귀 현상을 낳았습니다. 타이리안 퍼플(Tyrian Purple) 또는 임페리얼 퍼플(Imperial Purple) 등으로 알려졌던 자주색 천연 염료를 만들기 위해서는 지중해에서 자라는 소라 고둥이 필요했습니다. 알려진 바에 의하면 1.4g의 타이리안 퍼플 염료를 얻기 위해 무려 소라 12,000마리가 필요하다고 합니다. 유적지에 발굴된 엄청난 양의 소라 껍질로 당시에 이 염료가 얼마나 인기 있었는지 짐작할 수 있습니다. 이름에서 알 수 있듯이 이 염료가 워낙 귀했기 때문에 황실이나 귀족들만이 이 염료를 구할 수 있었고 이 때문에 빨간색에 대한 독점이 생길 수밖에 없었

습니다. 급기야 국가에서는 빨간색 천을 사용하는 데 제한을 두었고, 결국 빨간색 옷은 왕과 귀족들에게만 허용되었습니다. 퍼플 염료를 허가받지 않고 제조하는 자는 사형에 처할 정도였습니다. 이러한 전통은 중세에도 이어졌고, 가톨릭에서 주교를 나타내는 것과 같이 고위 성직자와 일부 귀족에게만 허용되었습니다.

로마의 황제들이나 중세의 왕들이 프랑스의 루이 14세의 빨간 굽처럼 구두 색으로 권력을 상징하는 것은 흔한 일이었습니다. 오늘날 독일과 프랑스 영토에 해당하는 제국을 건설한 프랑크 왕국의 샤를마뉴(Charlemagne, 샤를대제)는 교황 레오 3세(LeoⅢ)로부터 신성로마제국의 왕권을 이어받았습니다. 샤를마뉴의 신발은 진홍색 가죽으로 만들어 금으로 장식하고 에메랄드를 박아 넣었다고 합니다. 4세기 초반에 로마의 보통 시민이 좋은 염료로 물들인 진홍색 옷을 입는다면 당연히 처벌 대상이었습니다. 독일에서 농민 폭동이 발생했을 때 폭도들의 요구 사항 중의 하나는 빨간색 옷을 입게 해 달라는 것이었습니다. 1856년 퍼킨은 말라리아 치료제인 키니네를 합성하려다가 우연히 모브(Mauve)를 발견합니다. 퍼킨이 최초의 합성염료인 모브를 합성해 내기 전까지 자주색 옷은 서민들에게는 항상 동경의 색일 수밖에 없었습니다.

카렌의 죄는 표면적으로는 신성한 교회에서 춤을 추고, 이것은 할머니를 돌보지 않고 돌아다닌 것으로 묘사되어 있지만 사실 빨간 구두는 카렌이 성적 유혹에 빠졌다는 것을 의미하기도 합니다. 이것은 기독교에서 강력하게 금지하는 항목이기에 카렌에게 아무리 지쳐도 계속 춤을 춰야 하는 형벌이 내려진 것입니다.

빛 속에 색이 있다

예전의 한 TV CF에 이런 문구가 있었습니다.

'빛을 삼켜버린 색.'

이러한 문구에서 알 수 있듯이 많은 이들이 물체에 색이 있다고 생각합니다. 하지만 물체에는 색이 없으며 색의 비밀은 바로 빛에 있습니다. 모든 색은 백색광 속에 포함되어 있기 때문에 빛이 있어야 색이 있게 됩니다. 즉, 빛 없이는 색이 존재할 수 없는 것입니다. 좀 더 정확하게 설명하면 물체에 빛이 흡수되고 다시 방출되는 과정(흔히 반사라고 합니다)에서 어떠한 파장의 빛이 방출되는가에 따라 그 물체의 색이 결정되는 것입니다. 우리는 물체에서 반사된 이러한 빛의 파장을 색으로 느끼는 것입니다. 반복하건대 빛이 없으면 색도 없는 것입니다.

빛 속에 여러 가지 색이 섞여 있다는 것을 처음으로 알아낸 사람은 바로 아이작 뉴턴입니다. 그는 프리즘을 통과하여 여러 가지 색으로 분리된 빛을 다시 프리즘으로 통과시켜 백색광으로 합성하는 실험을 통해 색이 빛 속에 있다는 사실을 알아냅니다.

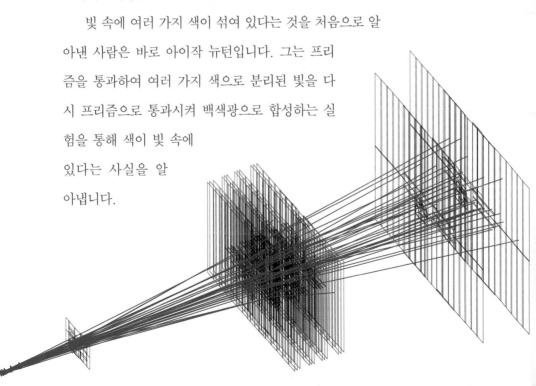

■ 프리즘에 의한 빛의 분산.
프리즘을 통과한 빛이 벽에 닿으면 색채 스펙
트럼이 나타납니다. 실제 실험을 해보면 7가
지 색 중 남색은 드러나지 않는다고 합니다.

뉴턴의 이 실험은 빛이 알갱이로 돼 있다는 '빛의 입자설'의 근거가 되기도 하면서, 모든 색이 백색광 속에 포함되어 있다는 사실을 알려주었습니다.

빛 속에 모든 색이 들어 있다면, 그렇다면 다양한 색을 나타내는 그림물감은 도대체 어떻게 된 것일까요? 빛의 색과 그림물감의 색은 색을 만들어내는 원리에서 차이가 납니다. 물감의 색은 감색(減色)의 원리에 의해 만들어지고, 빛의 색은 가색(加色)의 원리에 의해 만들어지기 때문입니다. 그림물감은 단지 빛을 반사하고 흡수할 뿐이며 이 과정에서 물감이 색을 나타내는 것입니다. 그래서 빛의 3원색과 색의 3원색이 다른 것입니다.

빛의 3원색은 빨강, 초록, 파랑이고, 색의 3원색은 빨강, 노랑, 파랑입니다. 빛의 3원색을 모두 섞으면 백색광이 나오며, 색의 3원색을 모두 섞으면 검은색이 나옵니다. 물감은 빛의 스펙트럼 중 일부를 흡수함으로써 색을 내는데, 일례로 빨간 물감이 붉게 보이는 것은 빨간색을 제외한 나머지 스펙트럼을 모두 흡수하기 때문입니다. 따라서 많은 물감을 섞게 되면 많은 스펙트럼을 흡수하게 되고, 3원색을 모두 섞으면 아무 스펙트럼도 반사하지 않기 때문에 검게 보이게 됩니다. 사실 검은색은 색이 아니라 아무런 빛도 반사되지 않는 상태인 것입니다.

노랑이 빛의 3원색에 포함되지 않는 것은 빨간 광선과 초록 광선을 합치면 노란 광선이 만들어지기 때문입니다. 빨강과 초록 두 파장대의 광선이 합쳐지면 사람들은 두 광선의 평균인 노란 파장으로 인식합니다. 아쉽게도 과학자들은 초록은 약 $500\mu m$, 빨강은 약 $700\mu m$의 파장을 가진다는 것은 알아냈지만 왜 이 파장을 사람이 녹색과 적색으로 인식하는지는 아직 밝혀내지 못하고 있습니다.

흔히 무지개의 색이 빨주노초파남보의 일곱 가지 색이라고 생각하지만, 아무리 무지개를 보아도 이러한 색들을 모두 찾기는 어렵습니다. 무지개가 일곱 가지 색이라고 생각하는 것은, 프리즘으로 빛의 스펙트럼을 분리한 뉴턴이 '7'이 완벽한 숫자라고 생각했기 때문입니다. 그는 무지개에서 일곱 가지의 색을 분리한 것이 아니라 일곱 가지 색을 보기를 원했던 것입니다. 뉴턴의 발표에 영향을 받은 대부분의 교과서에서 무지개의 색을 일곱 가지로 묘사함으로써 오늘날 무지개의 색이 정해졌습니다. 하지만 서양에서는 뉴턴이 빛을 일곱 가지 색으로 구분하기 위해 억지로 끼워 넣었던 '남색'을 무지개의 색으로 인정하지 않고 무지개를 여섯 가지 색으로 표시하기도 합니다.

■ 빨강은 유혹의 색이기도 하지만 위험, 경고의 의미를 담고 있기도 합니다.

여하튼 뉴턴은 백색광 속에 모든 색이 포함되어 있다는 것을 알아내기는 했지만 이러한 현상을 설명하기 위해서 빛의 파동적인 성질을 인정해야 했습니다. 하지만 뉴턴은 빛의 파동적인 성질을 결코 인정하지 않았기 때문에 빛의 혼합에 의해 색이 만들어지는 원리를 설명하지 못했습니다.

금지의 뜻을 담은 표식들은 빨간색입니다. 일례로 정지를 나타내는 신호등의 불이 빨간색인 것은 빨간색이 눈에 잘 띄기도 하지만 파장이 길어 가장 멀리까지 보이기 때문입니다. 빨간색을 좋아하는 것은 인간뿐이 아닙니다. 모든 동물을 먹여 살리는 녹색식물들도 빨간색을 좋아합니다. 식물들이 대부분 녹색이기 때문에 식물이 녹색을 좋아한다고 생각할지 모르지만 사실 녹색은 식물들에게 아무짝에도 쓸모없는 색입니다. 녹색 식물이 녹색으로 보이는 것은 녹색을 제외한 빨간색과 파란색 파장들은 흡수하여 광합성 에너지로 사용하고 녹색은 그냥 반사시켜 버리기 때문입니다.

빨간 구두가 가지고 있는 영구동력은 무엇일까?

유혹을 이기지 못하고 신게 된 빨간 구두. 신을 때는 좋았지만 벗으려고 해도 빨간 구두는 벗겨지지 않았습니다. 산으로 들로 빨간 구두가 움직이는 대로 계속 움직일 수밖에 없는 신세가 된 카렌은 결국 자신의 발목을 자르고서야 끝없는 움직임을 멈출 수 있었습니다.

카렌의 경우에는 본인은 더 이상 움직이고 싶지 않은 상태에서도 구두가 계속 움직여 문제가 되었지만, 이렇게 끊임없이 움직이는 것들을 찾아다니는 사람도 있습니다. 바로 과학자들이죠. 빨간 구두와 같이 한번 움직이기 시작하면 다시 에너지를 공급하지 않아도 움직일 수 있는 기계를 영구기관이라고 하는데, 오랜 세월 동안 많은 공학자들의 꿈이었습니다. 하지만 이제 그러한 꿈을 꾸는 공학자들은 거의 없으며, 대부분의 사람들이 이것을 불가능한 것으로 받아들입니다.

물론 아직도 영구기관에 대한 미련을 버리지 못하고 연구하는 사람이 없지는 않습니다. 영구기관은 과학적으로 불가능한 것이기 때문에 특허법에서 "산업상 이용할 수 없는 발명"이나 "완성될 수 없는 발명"으로 분류됩니다. 하지만 아직도 매년 특허청으로 100여 건이 넘는 영구기관 관련 특허가 출원되어 일거리를 만들고 있는 실정입니다. 우리나라뿐 아니라 과학 선진국이라 자부하는 미국에서도 마찬가지인데, 이는 영구기관이 세

불가능에 도전하는 바람개비 영구 동력차 배부르나!

이 자동차는 일단 달리기 시작하면 앞에서 밀려오는 공기에 의해 바람개비가 돌아가고 이때 발생한 전기가 모여 다시 출발할 때 사용되며, 다시 바람개비가 돌아가면 전기가 모이고…

꿈의 자동차 배부르나

앗~ 그럼 석유가 필요 없다는 말야?

폭격할까?

열역학도 공부 안 했나~!

개념학 콘서트 과학

상을 에너지 문제로부터 영원히 해방시켜줄 수 있는 꿈의 기계이기 때문입니다.

빨간 구두가 영구기관이 아니라면 움직이기 위해서는 에너지를 공급받아야 합니다. 에너지가 없다면 움직일 수 없기 때문입니다. 하지만 빨간 구두는 주위로부터 충분한 양의 에너지를 공급받을 수 없습니다. 햇빛과 같이 주변에서 소량의 에너지를 공급받을 수는 있지만 이것으로 카렌을 계속 움직이게 할 수는 없죠. 그렇다면 빨간 구두에게 끊임없이 에너지를 공급하는 것은 무엇일까요? 가장 먼저 생각해 볼 수 있는 에너지 공급원은 구두의 주인인 카렌입니다. 카렌은 살아 있는 생명체이기 때문에 어느 정도의 열에너지와 소량의 전류를 가지고 있습니다. 하지만 이 두 가지 에너지를 모두 합해도 그 양이 너무 적기 때문에 카렌을 끌고 다니며 춤을 추게 할 만큼의 에너지는 되지 않습니다. 그렇다면 혹시 주변의 또 다른 곳으로부터 에너지를 공급받지는 않았을까요? 공기 중의 가스나 이온 또는 지열이나 지자기 등을 이용해서 움직였다고 주장할 수도 있을 것입니다. 하지만 이렇게 주변의 에너지원에서 에너지를 끌어와서 사용하기 위해서는 에너지가 필요하며 이때 사용되는 에너지가 끌어온 에너지의 양보다 많게 되기 때문에 결국에는 손해인 것입니다.

유일한 해결책은 카렌이 빨간 구두를 한동안 신고 다녔을 때 구두에 에너지가 저장되었다고 생각하는 것입니다. 카렌이 움직일 때의 역학적 에너지를 화학적 에너지의 형태로 저장했다고 가정하는 것입니다. 물론 이러한 경우에도 저장된 에너지를 모두 사용하고 나면 구두는 멈출 수밖에 없습니다. 즉, 카렌이 구두를 신고 100시간 동안 춤을 췄다면 그때 얼은 저장된 화학 에너지가 다시 역학적 에너지로 100% 전환된다고(물론 100% 전환되는 기관은 만들 수 없습니다) 하더라도 100시간 후가 되면 구두는 작동을 멈춰야 합니다. 따라서 구두는 어떤 방법을 동원하더라도 무한정 운동할 수는 없게 됩니다.

영구기관이 가능하다는 주장은 예나 지금이나 끊이지 않지만 영구히 작동하는 기계 같은 것은 단 한 번도 존재한 적이 없습니다. 이미 500년 전 레오나르도 다빈치도 그러한 장치는 있을 수 없으며 그러한 일을 하는 것은 바보짓이라고 이야기했지만, 그때나 지금이나 많은 발명가들은 미련을 버리지 못하고 있습니다. 놀라운 것은 영구운동이 불가능함을 증명하는 열역학 법칙을 모르고도 이러한 사실을 알아낸 다빈치입니다. 이 정도면 확실히 천재 발명가라 불릴만하겠죠.

열역학 2법칙에 의하면 자연은 항상 무질서한 방향으로밖에 진행하지 않는다는 것을 알려줍니다. 이러한 법칙은 산업혁명 당시 증기기관의 효율을 개선하려고 하던 도중 열역학에 대한 많은 사실이 알려지면서 밝혀졌습니다. 결국 열기관이 움직이기 위해서는 온도가 아니라 온도 차이가 중요하며, 열기관이 움직일 때 필연적으로 일부의 열이 고온에서 저온으로 빠져나가면서 열 손실이 발생해 모든 열이 일로 바뀔 수는 없습니다. 시동을 건 후 자동차 보닛을 만져 보면 따뜻함을 느낄 수 있는데요. 아무리 자동차의 연료 효율을 높인다고 하더라도 보닛이 따뜻해지는 건 어쩔 수 없습니다. 이것은 연료가 연소될 때 발생하는 열이 고온에서 저온으로 이동하기 때문에 생기는 현상입니다. 이렇게 고온에서 저온으로 자연적으로 열이 흘러가는 것은 막을 수 없기 때문에 결국 열기관의 손실은 필연적으로 발생하게 되는 것입니다.

만약 카렌의 구두와 같이 영구기관이 가능하다면 연료 없이 거대한 배를 움직일 수 있을 것이고, 연료 걱정 없이 난방을 할 수도 있을 것입니다. 공기 중에서 열을 빼내서 물을 끓여 밥을 하고, 차가워진 공기로는 냉장고를 돌리면 되기 때문에 발전소 없이도 모든 기계가 돌아가는 세상이 가능합니다. 이러한 기계가 만들어진다고 해서 에너지보존 법칙을 어기는 것은 아닙니다. 뜨거워진 공기의 열은 원래 공기 중에 있었던 열이기 때문이지요.

결국 카렌의 구두는 조금만 더 참으면 멈추었을 것입니다. 이는 열역학 법칙이 알려주는 당연한 결과이지만 이를 알지 못하는 카렌은 성급하게 자신의 발목을 자르는 우를 범했지요. 동화 속에는 과학자도 과학교과서도 등장하지 않으므로 어쩌면 당연한 것이었는지도 모르겠습니다.

● 참고자료

* 본문에 사용한 용어들은 네이버 백과사전과 『두산 세계대백과』를 참조해 용어정의를 하였 습니다.

참고한 도서

데스몬드 모리스, 『벌거벗은 여자─여자 몸에 대한 연구』, 서지원 · 이경식 옮김, 휴먼앤북스 펴냄, 2004.

대니얼 맥닐, 『얼굴』, 안정희 옮김, 사이언스북스, 2003.

게르트 호르스트 슈마허, 『신화와 예술로 본 기형의 역사』, 이내금 옮김, 자작, 2001.

카트린 몽디에 콜 · 미셸 콜, 『키의 신화』, 이옥주 옮김, 궁리출판, 2005.

낸시 에트코프, 『미─가장 예쁜 유전자만 살아남는다』, 이기문 옮김, 살림출판사, 2000 .

데즈먼드 모리스, 『피플 워칭─보디 랭귀지 연구』, 김동광 옮김, 까치글방, 2004 .

사빈 멜쉬오르 보네, 『거울의 역사』, 윤진 옮김, 에코리브르, 2001.

시부사와 다쓰히코, 『독약의 세계사─세계사를 뒤바꾼 독약 이야기』, 오근영 옮김, 가람기획, 2003.

사쿠라이 히로무, 『원소의 새로운 지식』, 김희준 옮김, 아카데미서적, 2002.

유승흠 외, 『의학자 114인이 내다보는 의학의 미래─중』, 한국의학원, 2003.

전용훈, 『물구나무 과학』, 문학과지성사, 2000.

야마모토 다이스케, 『3일만에 읽는 뇌의 신비』, 박선무 · 고선윤 옮김, 서울문화사, 2002.

앨런 홉슨, 『꿈─과학으로 푸는 재미있는 꿈의 비밀』, 임지원 옮김, 아카넷, 2003,

폴 마틴, 『달콤한 잠의 유혹─잠과 꿈에 대한 과학적이고도 재미있는 이야기』, 서민아 옮김, 대교베텔스만, 2003.

수전 그린필드, 『브레인 스토리』, 정병선 옮김, 지호, 2004.

사이언티픽 아메리칸, 『타고난 지능 만들어지는 지능─인간 · 동물 · 기계의 지능, 숨겨진 비밀을 찾아서』, 이한음 · 표정훈 옮김, 궁리출판, 2001.

이인식, 『21세기 키워드』, 김영사, 2002.

로리 롤러, 『신발의 역사』, 임자경 옮김, 이지북, 2002.

김미경, 『뇌─춤추는 미로』, 성우, 2002.

김종성, 『춤추는 뇌』, 사이언스북스, 2005 .

김은정 · 김지훈, 『특정공포증─별것도 아닌데 왜 이렇게 두려울까』, 학지사, 2000.

마이클 콕스, 『패션이 팔랑팔랑』, 서연희 옮김, 김영사, 1999.

김융희, 『빨강』, 시공사, 2005.

윌리엄 A. 로시, 『에로틱한 발─발과 신발의 풍속사 』, 이종인 옮김, 그린비, 2002.

최성우, 『상상은 미래를 부른다─SF와 첨단 과학이 만드는 미래사회』, 사이언스북스, 2002.

마틴 가드너, 『아담과 이브에게는 배꼽이 있었을까』, 강윤재 옮김, 바다출판사, 2002.

K. C. 콜, 『구름을 만들어보세요─삶의 방식으로서의 물리학에 대한 또다른 생각』, 이충호 옮김, 해냄출판사, 2003.

사이언티픽 아메리칸, 『다음 50년─2050년 과학은 무엇을 말해줄 것인가?』, 이창희 옮김, 세종연구원, 2000.

마이클 베이든, 『죽은자들은 토크쇼 게스트보다 더 많은 말을 한다』, 안재권 옮김, 바다출판사, 2005.

로이스 그레시, 『슈퍼영웅의 과학』, 로버트 와인버그, 이한음 옮김, 한승, 2004.

칼 P.N.슈커, 『우리가 모르는 동물들의 신비한 능력』, 김미화 옮김, 서울문화사, 2004.

Purves, 『생명 생물의 과학』(6E), 이광웅 옮김, 교보문고, 2003.

닐 캠벨, 『생명과학─이론과 현상의 이해』(제3판), 김명원 옮김, 라이프사이언스, 2001.

데이비드 사우스웰, 『미궁에 빠진 세계사의 100대 음모론』, 이종인 옮김, 이마고, 2004.

페터 크뢰닝, 『과학자들은 싫어할 오류와 우연의 과학사』, 이동준 옮김, 이마고, 2004.

킵 S. 손, 『블랙홀과 시간굴절』, 박일호 옮김, 이지북, 2005.

다니엘라 마이·클라우스 마이어, 『털ー수염과 머리카락을 중심으로 본 체모의 문화사』, 김희상 옮김, 작가정신, 2004.

데즈먼드 모리스, 『털없는 원숭이ー동물학적 인간론』, 김석희 옮김, 영언문화사, 2001.

이인식, 『신화상상동물 백과사전1ー온 가족이 함께 읽는』, 생각의나무, 2002.

에이드리언 베리, 『갈릴레오에서 터미네이터까지ー과학으로 풀어 읽는 문명의』, 김용주 옮김, 하늘연못, 1997.

프랭크 라이먼 밤, 『오즈의 마법사』, 이현경 옮김, 대교출판, 2002.

울리히 슈미트, 『동식물에 관한 상식의 오류사전ー266가지 흔한 오류들』, 조경수 옮김, 경당, 2003.

스티븐 제이 굴드, 『인간에 대한 오해』, 김동광 옮김, 사회평론, 2003.

제니퍼 애커먼, 『유전, 운명과 우연의 자연사』, 진우기 옮김, 양문, 2003.

존 폴킹혼 외 19인, 『인간과 삶에 관한 질문들ー과학자들에게 묻고 싶은』, 강윤재 옮김, 황금부엉이, 2004.

제임스 트레필, 『도시의 과학자들ー과학자의 눈으로 본 도시이야기』, 정영목 옮김, 지호, 1999.

베른트 하인리히, 『동물들의 겨울나기』, 강수정 옮김, 에코리브르, 2003.

조 슈워츠, 『장난꾸러기 돼지들의 화학피크닉ー화학이 엮어내는 67가지 매혹적인 마술』, 이은경 옮김, 바다출판사, 2002.

문회수, 『보석 이야기ー알기 쉽고 재미있는』, 문학사상사, 2005.

안데르센, 『안데르센 동화』, 최숙희 엮음, 파랑새어린이, 2003,

주경철, 『신데렐라 천년의 여행』, 산처럼, 2005.

안나 이즈미, 『안데르센의 절규』, 황소연 옮김, 좋은책만들기, 2000.

이성훈, 『그림형제ー문학의 이해와 감상 20』, 건국대학교 출판부, 1994.

그림형제, 『그림 동화집』, 장영주 엮음, 꿈소담이, 2004.

스티븐 부디안스키, 『고양이에 대하여ー생물학과 동물 심리학으로 풀어 본 고양이의 신비』,

이상원 옮김, 사이언스북스, 2005.

키류 미사오, 『알고보면 무시무시한 그림동화1』, 이정환 옮김, 서울문화사, 1999.

조덕현, 『버섯』, 지성사, 2001.

장 마리니, 『흡혈귀—잠들지 않는 전설』, 장동현 옮김, 시공사, 1996.

마셜 브레인, 『만물은 어떻게 작동하는가』, 김동광 옮김, 까치글방, 2003.

류은주, 『모발학』, 광문각, 2002.

야마모토 다이스케, 『3일만에 읽는 뇌의 신비』, 박선무·고선윤 옮김, 서울문화사, 2002.

Oakley Ray, 『약물과 사회 그리고 인간행동』, 주왕기 옮김, 라이프사이언스, 2003.

카렌 N. 샤노어 외, 『마음을 과학한다—마음에 관한 선구적 과학자 6인의 최신 강의』,

김수경·변경옥 옮김, 나무심는사람, 2004.

어네스트 지브로스키 Jr., 『잠 못 이루는 행성—인간은 자연재해로부터 자유로울 수 있는가』,

이전희 옮김, 들녘, 2002.

존 린치, 『길들여지지 않는 날씨』, 이강웅·김맹기 옮김, 한승, 2004.

김수병, 『마음의 발견—영혼을 탐험하는 마음의 과학』, 해나무, 2004.

참고한 잡지

『한겨레21』, 「나는 잠꾸러기가 되련다」, 2003. 3. 14.

『과학동아』, 「극저온에서 펼쳐지는 불로장생 시나리오」, 2003년 08월호.

참고한 인터넷 사이트

토네이도 연구 장비 토토 홈페이지 http://www.spc.noaa.gov/faq/tornado/toto.htm

발륨 복용시 주의사항과 부작용 http://www.psyweb.com/Drughtm/valium.html

리브리엄 복용시 주의사항과 부작용 http://www.psyweb.com/Drughtm/librium.html

에메랄드에 대한 정보 http://www.emeraldelegance.com

스케이트호의 북극점 도달 http://www.globalsecurity.org/military/systems/ship/ssn-578.htm

토파나수

http://www.portfolio.mvm.ed.ac.uk/studentwebs/session2/group12/renaissance.htm

머리카락이 가장 긴사람

http://www.guinnessworldrecords.com/content_pages/record.asp?recordid=48563

퀴비에 http://www.victorianweb.org/science/cuvier.html

에메랄드 채굴

http://www.professionaljeweler.com/archives/articles/2002/mar02/0302gn1.html

http://www.latinpetroleum.com/printer_974.shtml

수생유인원설(AAT) http://www.primitivism.com/aquatic-ape.htm

사바나 가설과 수성유인원설의 비교

http://www.priweb.org/ed/ICTHOL/ICTHOL04papers/26.htm

지구공동설

http://skepdic.com/hollowearth.html

http://en.wikipedia.org/wiki/Hollow_earth

체서고양이 http://en.wikipedia.org/wiki/Cheshire_cat